U0006372

EXECUTIVE COACHING
LEADERSHIP ACCELERATORS
FOR HIGH LEVEL MANAGNERS

傑出領導人的
最關鍵轉變

————走出權力,變身「轉型教練」的革心旅程

陳朝益
David Dan ■著

「如何讓改變發生？」系列叢書 讚譽＆薦讀

—— 曾憲章：科技遊俠（本書作者 David 的導師）：

好友陳朝益兄出版《如何讓改變發生》這套書，與讀者分享領導力的四個關鍵主題，幫助領導者在變化多端的大衝擊時代，成就更有信任的組織與未來，值得年輕人細細閱讀。

朝益兄是台灣 Intel 創始總經理，業績傑出，戰果輝煌，甚至超越了 Intel 日本業績。在職場最高峰期，考慮到「家庭優先」，毅然決然放下職場的榮耀和對名利的追逐，開啟「人生下半場」。已陸續出版了五本書籍，並自我學習精進，提升到「高階主管教練」，協助領導者「創造改變的價值」。

朝益兄由一個科技老兵轉軌為「領導力教練」，成功轉換跑道，實現「對自己有意義，對他人有價值」的人生最高境界！值得欽佩與學習。

—— 駱松森（香港大學 SPACE 中國商業學院高級課程主任）：

在我們研究生的課程中，大部分的高管都是熱愛學習和追求前沿的知識，可是，在課堂討論中他們的表現不一定能夠把理論應用到工作中；陳老師用他親身經驗來告訴我們這個知易行難的問題是可以解決的，一一跟自己的內心對話，尋找感動生命的地方和努力追求激動人心的事情。當然，如果遇到不知道怎樣處理的情況，有教練的陪伴更能讓改變發生。

—— 陳郁敏 Ming（Happier Cafe 更快樂實驗所創辦人，漣漪人基金會共同創辦人：

「領導力從塑造自己開始」：

陳朝益教練在本書中分享他自己改變的心路歷程—從「陳總」到陳教練的自我揮灑旅程。在這個特別的旅程中，他塑造新的

自己，設計一個更精彩的人生下半場。

我不認識以前的陳總，但在現在的陳教練身上我看到：

· 他改變的決心

· 他對自己的期許

· 他有策略的計劃

· 他執行的紀律

· 他的堅持

為了做脫胎換骨的改變，他用兩年時間，離開熟悉的朋友們，專心投入於轉型路。過去以「快狠準」為傲的他，成功的蛻變成一位充滿好奇、開放、感恩和學習的人。他不怕展示自己的脆弱，更享受和別人「合作共創」新的可能。

改變自己是每一位領導者都需要的能力。

當我們每個人都擁有讓自己變得更好的能力，世界就會更美好。

——方素惠（台灣《EMBA》雜誌總編輯）：

從永遠走在前頭的科技產業總經理，到不斷要人「慢下來」的高階主管教練，David 教練自己的轉型之路，就是今天領導人最好的典範。

他累積了多年跨國領導人的實戰經驗，卻在進入人生下半場時「自廢武功」，重新謙虛地學習一門新功課：教練。然後當他再度出現在企業領導人身旁時，沒有人比他更適合來告訴大家，如何轉型，如何傾聽，如何建立團隊的信任，如何讓改變發生。

在這套書中，他的真誠、開放、樂意助人，是教練的專業，更是David 的獨一無二標誌。

——陳正榮（牧師，生命教練）：

「信任」不是點頭認可，信任必須去贏得，不是認同就可以達到的，因此它必需經過時間的考驗。信任是當原則與價值深植人心時，才可能獲得的。價值不是教出來的，而是活出來的，這就是為什麼信任很難建立的原因？因為很多人知道，但是活不出來。

——吳咨杏（Jorie Wu, CPF〔國際引導者協會認證專業引導師及評審〕，朝邦文教基金會執行長）：

身為一位專業團隊引導師，我和 David 在很多的引導／教練學習場合相會。對於他廣於攝取知識的好奇，善於學以致用的能力，我總是很佩服；更是臣服於他有使命地分享與傳播他的「教練之旅」。他自身的教練奇蹟之旅，很自然地讓人信任地跟隨他探究竟。改變就是從信任開始的，不是嗎？

在《力與愛》（Power and Love：A Theory and Practice of Social Change）一書中，作者亞當·卡漢談到「力是自我實現的動力；愛是合一的動力」。一位教練型領導人想必會懂得平衡力與愛，以成就他人共同完成大我。一位教練就是運用透過信任連接別人，開啟改變的關鍵，不是嗎？

閱讀他的新書，彷彿向生成的未來學習，這也是面對複雜與不確定環境唯一的策略！不是嗎？

——劉匡華（5070 社會型企管顧問有限公司 總經理）：

陳朝益（David Dan）先生擔任 Intel 台灣 CEO 時，我們公司為 Intel 作獵才服務。百忙中的他只要是對的人才，任何時

間（含週末假日）他都願意面談。他任職 Intel 時，在成大校友會上有關生涯規劃的演講稿，十年後仍在網路上流傳。可見他在進入教練生涯前就是個有慧根的 CEO。

David 在這本書裡坦誠的分享了他如何從職場的 CEO 轉變成一位企業教練的心路。諸如：

「不是前面沒有路，是該轉彎了」

「信任是有效溝通的第一步。」

「改變有痛就對了」。

「（領導者）每次與人談完話想想，我說話的時間少於對話時間的 25% 嗎？」

這些句子都於我心有戚戚焉。

——潘婉茹（Effie，團隊關係與領導力教練，《夥伴教練心關係》譯者）：

領導人決定團隊改變速度：

這幾年來，「改變」議題經常在個人與組織發展議題中出現。

這套書提出「自我覺醒」往往是改變的重要開始。當人們自己意識到有改變的需要，才會付出真心承諾的行動。

主管們在組織裡的模範領導，也包含了行為改變的展現。相同的，他們也必須先意識到，自己的行為改變將會是團隊改變的重要關鍵。

當領導人願意打開自己，展示脆弱，邀請身邊的工作夥伴對於他的行為改變給予回饋——由此團隊的信任關係將逐步蔓延，而團

　隊的改變也才會一步步發生。

──黃卉莉（慧力教練，生命‧領導力‧安可職涯教練）：

　　與陳教練首遇，是在我 45 歲正計畫回台，同時想要結束十年不再有熱情的財務顧問工作。但甚麼是我擅長、有熱情、覺得被重視、能幫助人、且持續有收入的天職呢？我盼望在人生下半場，冒險怎樣的英雄之旅，追求怎樣的生命經驗與意義呢？

　　依然記得當時教練陪伴我同在與同理的安全感，生命得以安歇在一盞燈一席話一段路上。就因著這樣的感動和管道，讓「改變發生」的自己現在也正走在教練修練、自我領導（self-leadership）與成人學習之路，專注在「幸福」（wellbeing）、「潛能」（human potential）與適應新時代所需的發展工具。期許這套書的讀者能成為挑戰現狀、發掘理想真我的變革者，透過生成的對話，共創一個豐盛人生／組織／社會。

──陳乃綺（上尚文化企業有限公司執行長）：

　　我學生時期在教練協會擔任志工，David 是那時候的協會理事長，在他身上我學習了很多領導者該有的風範，而在他帶領的協會中，我常擔任 Coachee（被教練者），因此我更是一個教練領導的受惠者。

　　同時，也是「教練」讓我生平第一次照鏡子，在某一位教練的資格考中，我成為一位女教練的 Coachee，這也是我第一次正式接受過教練，在這之前，我常自我感覺良好，我從不覺得我的有什麼問題。而幾次的教練會談下，我突然發現…我認定自己的形象和實際的我，好像不一樣…；老實說，第一次的自我覺察，當下的感覺不是太好。

　　因為，我像是活在一個原本沒有鏡子的世界裡，我總以為我有和

明星林志玲一樣的外貌，但是當教練幫我拿出了鏡子，我內觀自己，一時很難接受，原來我有這麼多缺失，可以更好。

當人要改變自己的造型，就要先看到鏡中的自己，接受自己的外型特色，然後找出最適合的髮型、服裝來搭配，你的改變就對了。

這五年來，在經過幾位教練的協助之下，現在的我，自我覺察的能力提高很多，我也很習慣勇敢的面對自我缺失、改變自己、修正自己，已經是我常常面對的課題。而這樣的自覺能力，讓我在公司的領導上更事半功倍

本人很榮幸受邀寫序。我的禿筆卻未能盡到此書之價值，讀後實在獲益不淺，鄭重推薦給大家喔！

——王昕（德國 Bosch 總公司 項目經理）：

「一盞燈，一席話，一段路」這是陳朝益老師在我腦中最先浮現出來的一幅圖像，在過去十年來，他是我的生涯教練；從大學時代決心到德國留學，畢業後經歷經濟危機中漫長的等待，到初入職場，進而轉變職能方向和所屬行業以及後來成家，為人父母，到現在面對的是下一個十字路口，陳老師一直在我的身旁陪伴，這是我最感動的地方。個人，家庭，工作，他的生涯教練，貫穿著一種感動，是喚醒年輕人發現自己生命裡那部分被忽視遺落的感動力量。

在工作與家庭，個人與周遭，在陳老師的陪伴裡，自己體會最深的部分，其實是理解人的部分和關於愛的力量。人都具有相同的最本質的部分，那就是愛和信任；人，都具有相通的相處過程，是接納，尊重和信任。在職場和家庭，不同的場景卻都需要相同的那一個「有擔當」（Accountability）和「有溫度」的人，如陳老師所說的，我們不應僅僅看到人表象的行為而真正注意到他深層次的動機，去「尊重」（Respect），去「感激」（Appreciate），

去用動機回應動機，做一個在困境和危機中靠得住的舵手，主動地駕馭你生命的船。

改變只是在轉念之間，年輕人那種一時無望的焦躁感和失去方向的無力感，就僅僅會被教練的一句話而驚醒，像是「不是背上的壓力壓倒我們，而是我們處理壓力的方法不對」，又比如我們常懷疑「人生的道路，到底是事業第一還是家庭優先？」教練正是那個在關鍵時刻能喚醒你的人。

人生就像一場關於信任，改變以及自我領導力的革命，關乎你，我，家庭和職場；陳老師幫助了我，也希望他的這套書能成為你生命裡的光和鹽，祝福你。

傑出領導人的
最關鍵轉變

目錄

5 | 一盞燈：喚醒生命，釐清目標

6 | 一席話：感動生命，進入教練深水區

推薦文 1

一盞燈、一席話、一段路

佘日新 教授（逢甲大學講座教授、財團法人中衛發展中心董事長）

一個動態的世局，只有可能、沒有答案。

「動態」源自於世界的複雜，複雜之間又因開放的鏈結，因果關係變得更為複雜。全球化三十年來，歧見鴻溝日益加深、貧富差距日益加劇、各個階級的對立日益明顯，各國政治領袖的政見多流於「只有感動、難有行動」的困境。

近五年來，伊斯蘭世界受到正式或非正式的勢力打破了均衡，從「茉莉花革命」引發的北非動盪、到兩伊的板塊移動、到敘利亞內戰引發的難民潮、牽動了西歐的不安定、到英國脫歐，一張張骨牌般傳導了不安與不滿的情緒與情勢，我們所期待的政治領袖似乎一再令人失望。貧富差距加重了產業領袖肩上的擔子，全球產業急行軍了二十年，過剩的產能、均一的產品、企業的社會責任、生態與環境的挑戰，在在挑戰著企業領袖的領導能力，就業與所得在經濟動能普遍不足的狀況下，成

為政府與一般民眾對企業主的殷殷期許，但，真正能展現「創業能量」（Entrepreneurship）以突圍的領導力仍是偶然、而非必然的。

　　認識朝益兄有好一陣子了，他應該是我所認識最認真的退休人士。往來於美台之間，每次回美國總是排滿了教練課程的進修，汲取先進經驗中的最新知識，內化、轉化為台灣情境可以運用的教練方法，回到台灣就風塵僕僕地陪伴亟欲從他那兒獲得教練引導的專業主管。三不五時，我會邀請他到大學去向高階主管講授「教練學」（Coaching），對台灣主管而言，尚在賞味期的「教練學」宛若大旱逢甘霖，對朝益兄有別於過往的「訓練課程」（Training）和「導師制」（Mentoring）的教練學深感著迷，高階課程的學生爭相接送老師的盛況，反映了學生想從老師那兒多挖些寶的渴望。我們也私下洽談在各種平台上合作的可能性，無非就是希望對於家鄉的人才多盡上一點棉薄之力，讓人才成為家鄉再現風華的重要基石。

　　朝益兄這系列有關教練的套書，主題分別為「信任」、「如何建立自己獨特的領導風格」、「如何讓改變發生」、「傑出領導者的關鍵轉變」與「如何讓改變發生的 50 個關鍵議題」。在書中，朝益兄不改其長年任職跨國大公司的溝通與記憶方法，

提出如「5C 架構」、「SCARF」、「GROWS 2.0」這些智慧與執行的框架，潛藏在書中各個不同章節中，等待讀者去採礦。其中，有一個新的字詞閃亮登場：「領導加速器」（Leadership Accelerator），吸引了我的注意力。

　　全球這些年受到德國「Industrie 4.0」的啟發，紛紛推出跨世代的代別註解，富二代有別於擁有大量財富的創業家、行銷 4.0 傳遞的是一個迥異於過往三代行銷手法的新型態行銷。加速器是創新驅動的經濟體中，至關重要的創新（業）育成中心（孵化器）的進階版，但那個加速器不是一個當下紅遍全球的「創客空間」，也不是一個政策獎勵，而是我最喜歡的「一盞燈、一席話、一段路」。

　　第一次聽到朝益兄說這三個一，腦中即浮現生動且深刻的畫面，因為我的妻子明軒過去二十年的工作就是「一對一」，生命的積累一點也加速不來。當一個高階主管踏遍了大江大海、呼喚了大風大浪，真正能撼動得了內在的所剩無幾，正如經典名著《小王子》的那句經典台詞：「只有用心看才看得清楚，重要的東西是眼睛看不見的。」那些高貴、無形、又深邃的礦藏，不但無法迅速開採、也無法大量生產，自然也無法以教育訓練或導師制加以開採的，時間是必經的歷程、壓力是結晶的根源、陪伴是支撐的鷹架，一個有經驗的教練扮演的角色影響

這類工程品質甚鉅，等「礦坑的鷹架」拆除，顯現出來開採的成果是不太值錢的煤、亦或是價值連城的鑽石，即決定了高階主管對自己的交代、對組織的承諾、與對社會的貢獻價值。

當前舉世公認最強大的「精實管理」，起源地豐田汽車有一個理念是「造車先造人」，這句話值得我們細細品味。人是一切的基礎，但大多數組織卻花很少的精神與時間「造人」；就是因為人造得不好，所以組織呈現的是混亂居多，弔詭地否定了組織存在的價值。造車，工人們可依照設計藍圖施工，但掙扎著要造人的我們卻連生命藍圖都沒有，更諷刺的是連自己的藍圖都沒有；一路揣摩、一路失敗、一路奮起，其間有的是人生的精彩、有的是人生的悲哀。「孤峰頂上、紅塵浪裡」描寫的正是領袖（高階主管）的孤獨與險惡，幸運的人有同伴願意傾聽、最幸運的人則有教練願意以一盞燈、一席話、一段路，陪伴你邁向人生的精彩。

這是一個動態的世局，只有可能、沒有答案，答案要自己了悟！

推薦文 2

誰先學會改變，才是真正的領導者

劉寧榮 教授（香港大學 SPACE 中國商業學院總監）

　　陳朝益先生是一名出色的教練，也是與我們中國商業學院（ICB）合作無間的老師和一位值得信賴的老朋友了。ICB 成立以來，我們合作過的老師無數，但真正能靜下心來寫書的並不多。這次看到他又有新作出版，恭喜之餘亦有些許感歎。這個年代，互聯網充斥我們的資訊世界，我們又都被日常的瑣事完全占據，能讀書的機會本來就少，能引人共鳴的好書更是越來越少。

　　他的這套系列著作《如何讓改變發生》引起了我的共鳴。和今天許多的中國企業一樣，ICB 也正經歷著飛速發展期，這套書中提到改變的四個階段：「信任」、「獨特的領導風格」、「如何讓改變發生」以及「高管的最關鍵轉變」，我們每天都在面對。用陳先生的話說，是「從管理走到領導的新境界」。我想，僅憑這句話的「境界」，就值得我們去讀一讀這套書。

　　其實，對於管理，老祖宗們很早以前就教給我們了。我們

從小就知道的「知人善任」；「用人不疑，疑人不用」；「誠信為本」……恰與今天的組織對內要建立上下屬之間的信任關係，對外要樹立企業形象、維護企業信譽等等概念不謀而合。然而，中國人本身骨子裡對人際交往採取的「謹慎」態度，老祖宗也一樣提醒了，「防人之心不可無」嘛！到了今天，團隊之間需要互相「信任」的道理大家都懂，真做起來，就不是那麼回事了。

同樣，企業誠信是從前中國人從商的最基本守則，從紅頂商人到「徽商」、「晉商」，中國人是最早把為人處事的最基本道理帶進商業流通領域並一以貫之的。很可惜，這些做人做事的淺顯道理不少人都拋之腦後了。因此我們有必要好好審視自己做企業的良心，建立企業的良好形象，贏得社會的信任。而信任不僅是一個社會可以和諧發展的重要條件，也是一個企業可以長青的基礎。

我還想說幾句關於「領導風格」的問題。綜觀歷史長河，出色的領導者一定有其獨特的個人風格與個人魅力，這一點毋庸置疑。關鍵的問題，是怎麼樣從「管理者」蛻變為具有「獨特領導風格」的領導者。我總以為，領導者所具備的某些共同的要素是與生俱來的，與其個人性格、生活背景密不可分。中

國兩千年的「封建」史，名垂青史的不過那幾位皇帝，他們個個具有不凡建樹，連帶著他們那些時代的真正管理者——大臣們，也是一批批地出現。可見，管理者本身蛻變為領導者之後，剩下要做的事就是批量製造更多高品質的「管理者」了。如果領導者只是一味地著眼於企業營運，卻不重視培養管理人才，提供人才發展的階梯，便也做不到陳先生在書裡說到的「華麗轉身」，或去思考如何讓企業「永續發展」，從而成就自己的生命高峰了。

　　最後，再來說說「改變」。陳先生在他這套書裡所說的改變，背後的原因不外乎兩個：一來外部環境變得太快，英國人說「脫歐」轉眼就真的脫了；二來也有這樣的情況，真的有那麼些人，居安思危，在被改變之前首先改變自己。在我看來，後者才是真正的領導者。現如今，全球的企業都在面對改變，而這些改變又往往是領導者所引領和推動的。在無形的商業戰場裡，誰能快人一步的改變，誰就是最終的勝者。

2016 年 8 月，香港

推薦文 3

領導，在領導之外

黃清塗（基督教聖道兒少福利基金會 執行長）

我在 2011 年接下基金會執行長，對於這個新的單位的發展還是帶著忐忑的心；那時有機會拜訪當時「台灣世界展望會」杜會長，他提醒我，「領導者應該多問題，而非講過多的話。」它就如同一把鑰匙，開啟了我個人領導另一個探索之門。

我服務的基金會屬於中介型的組織，對於接受協助單位的績效會持續追蹤，發覺多數單位執行績效與團隊組織負責人的領導思維息息相關。我回顧自己的領導養成是沿路摸索，如同走在漆黑的隧道中，內心戰兢，深怕出什麼差錯，渴望有個扶持，內心有種不知道何時可以看到盡頭亮光的徬徨與煎熬。基金會乃研議開領導方面的課程，在 2015 年初與陳哥有機會合作，除了提供協助單位夥伴團隊訓練的機會，自己也再經歷一次系統性領導的內在對話、驗證與學習。

團隊若以領導者意志為核心，將個人成功的經驗或想法強加在下屬，要求服從，下屬只是遂行領導者意志的工具，組織

將呈現單一向度,團隊中的成員個人創意無從發揮。今日已經進入個人化的網路社群時代,環境變化與多元型態更加劇烈。前線任務執行者決策能力的強化可以建立更迅速回應環境變化的組織,錯誤將成為個人與組織成長的養分。

理想的職場既是工作場域也該是成長的處所。主管若能相信員工有解決能力,站在員工的同一邊,而非對立面看問題。透過提問釐清問題、協助員工覺察盲點與建立目標,最終建構員工的思維架構。員工承擔任務即是內部彼此對話的基石、建立信任媒介,甚至是人才培養的管道。由於員工在任務完成過程高度的參與,對工作有強烈的擁有感,當責感由心而生,而非來自於組織的要求。

若對管理與領導下這樣的定義:「管理著重看的見部分的處理,領導則是看不見部分的面對。」以 101 大樓為例,管理是大樓的外貌或施工品質。領導的信念如同穩大樓重心的阻尼器,設計的良窳決定在地震或高風速的狀況下,大樓主體的搖晃程度,除影響住戶舒適及長遠對建築主體安全的影響。

我自己曾有過和伴侶鬧僵的經驗,也會和員工也有過正面的拉扯,曾有過不被信任的經驗,自己的行事風格可能會讓員工經歷這種憤怒與沮喪。這些看起來極為瑣碎、相關或不相關

工作上的事，卻不時挑戰個人領導的信念。「你願意人怎麼待你們，你們也要怎樣待人。」信仰裏古老的提醒，對領導者仍然鏗鏘有力。

　　被外部期待的工作表現、環境挑戰與內心恐懼，如一層層灰土覆蓋在自己作為一個人與對待人的初衷。我是誰？相信什麼？想看到什麼？是每個領導者必須自己填寫的答案。「信是所望之事的實底，是未見之事的確據。」這一趟信心之旅，我還在途中，教練幫助我點亮了那一盞燈，讓我看到希望。

　　朝益兄本身產業界的經歷豐富，退休後個人孜孜不倦的在領導這個領域進修，我其中受益者之一。他這套套書出版，提出領導中許多重要的概念，並輔以案例說明，對領導者將有醍醐灌頂之效。

2016 年 7 月 31 日

系列叢書 作者序

昨日的優勢擋不住明日的趨勢
──學習改變是我們唯一的出路

這是個產業變革翻天覆地的時代。

「多元，動態，複雜與不確定」（DDCU, Diversity, Dynamics, Complexity, Uncertainty）已是這種時代的常態。

許多的領導人和經營團隊都明白：「不是前面沒有路，而是該轉彎了」，他們更需要比過往任何時刻更多的「學習力」和「應變力」去面對這樣的環境。

可是，許多領導者都「知道」要改變但是卻「做不到」，我花了許多的時間來研究和探討這其中的因由，最後我總結了幾個關鍵課題：

* 知道但是做不到：我知道它的重要性，但是不知道「如何才能讓改變發生」？

- 如何由管理轉型到領導：如何從「要我做」轉化到「我要做」？這說來簡單但是做起來不容易，如何讓員工樂意參與貢獻？
- 斷鍊了，該怎麼辦？「信任」是有活力組織的關鍵粘著劑，領導者們知道它很重要，但是卻不知道怎麼做到？
- 如何學習領導力？許多人怎麼學都學不像，心裡好挫折，也不願意成為另外一個人，如何長出自己最適合的領導樣式？

做為企業高管教練，我深深感受到華人社會的這段轉型路走起來並不順暢，有些原因是來自「自我內在對過往成功的慣性或是驕傲」；也有些原因來自「對未來的不確定性的恐懼」或是「不知道該怎麼辦到」？「改變」本來就是一條大家都沒有走過的路，在以往的經驗裡，企業組織及至個人，就是藉著培訓或是專業顧問來面對這些挑戰，但是這些手段已效果不彰，怎麼辦？

" 用進化版的自己面對明天 "

處在這樣的時代裡，唯一不會變的就是「必定需要改變」

這件事，因此如何「學習，覺察，反思，應變」是必要的基本功，對於我自己，我每週都會定期問自己這幾個問題：

- 在過去這段日子，我感受到什麼變化？
- 我做了什麼改變？
- 我從中學習到什麼？
- 下一步，我如何能做得更好？

對於我的教練學員，我也期待他們定期問自己和他的「支持者」（Stakeholder）兩個簡單的問題：

- 在過去這段日子（基本上是一個月）你觀察我做對了那些事？
- 在下一個階段，你建議哪些地方我可以做得更好？

我常用「Cha-Cha-Cha」作為公開講演的題材，它指的是「改變（Change）—機會（Chance）—挑戰（Challenge）」，在每一次改變中會存在許多的機會，但是中間也同時存在許多挑戰，有些人受限於他們自己過往的經驗，比如說「這不可能，太困難了」而選擇放棄，他們面對不確定性恐懼的態度則是「不

管三七二十一，逃了再說」（Forget Everything and Run）。

　　但是，也有許多人敢於面對這些挑戰，他們也會有恐懼並經歷過許多困難，但他們選擇「勇敢面對，奮勇再起」（Face Everything and Rise-up），也許會經歷失敗，但是這卻磨練了他們的筋骨，越戰越勇；在這種多元多變化的時代，一個人的成功不再只靠自己既有的素質或是本質，如何發展自己的「潛能」，開展自己特有的「體質和特質」，積極面對以跨越和實現「明天的趨勢」，正是這套書所要專注的課題。

　　我將在這套書中呈現的，不是那種有關「你應該怎麼做…」的知識性、「灌能式」領導力傳道書。做為一個專業的企業教練，在我心中沒有「最優秀」只有「最合適」的領導力，每一個領導人的行為會因為不同環境和氛圍而產生改變，比如說，它會因為不同的「所在地，組織／團隊文化，時間，場域，人文風情，環境氛圍，組織內領導人或是團隊的管理和領導方式，服務的對象…，」等而會有所不同（也必須有所不同），有智慧的人會因地制宜，做出最佳最合適的轉換，這是「適應環境的能力」或稱為「應變力」。這不只是要靠知識和經驗的積累，更需要能「開竅」激發出領導人的智慧潛能；我們要如何能達成這個目標呢？這即是這套書的寫作動機，我將試著由以下這些方法來闡述：

- 專注在「華人文化氛圍」內領導力的「Cha-Cha-Cha」。
- 使用教練和引導型的對話和故事型的案例陳述，而不是「教導型」的論述。
- 在每一個關鍵環境，引導讀者「反思，轉化，應用 , 行動」（RAA: Reflection, Application, Action)；我個人深切的理解「暫停」的力量，這是我們回來自己「初心」的時候，也期待讀者們在這套書中多問自己：「我在哪裡？我選擇去哪裡？我該做什麼改變？」

"「換軌與精進」"

這也是一套與領導力有關的「換軌，精進」自我教練書，有人曾經問我管理和領導的差別是什麼？我給他們的簡單答覆是：

- 管理是「要我做」，領導是「我要做」。
- 管理是「著力在人性的弱點」，領導是「著力在人性的優點」。
- 管理是「有效率的將事情做好」，領導是「吹著口哨有

效率的將事情做好」……。

這些都是一聽就明白的淺顯論述，我的使命不在分享「管理和領導是什麼、不是什麼」，有關這些知識的書籍汗牛充棟，我的使命是協助有意願改變的人「如何讓改變發生？」，並因此成為一個傑出的領導人。

有人說「知難行易」，也有人倒過來說「知易行難」，做為一個生命教練，我則要說：「由知道到行道是世界上最遠的距離」，如何協助被教練者優雅的轉身是身為教練最重要的價值。

同時，這一系列四本書的價值或許也不在於它傳遞的知識內容，而是它帶給你的感動和行動力量，希望能引導出你對組織和社會改變的價值。同時，我也希望保持每一個主題書的獨立性和完整性，而不必再去參考其他的書籍，包含本套書和我個人以前的著作，你可能會經歷到到一些重新出現的圖表或是教練工具，在此先行致意。

以下容我簡單敘述這套叢書中每本書的內容：

◆（1）信任（Trust）：

我們有許多的組織「斷鍊了」，可是最高領導人毫不知情，還是自己感覺良好；大家都有騎自行車斷鍊的經驗，在組織裡，

許多高層主管非常的努力，兢兢業業的在經營，可是團隊就是跟不上來，有位董事長就告訴我「為什麼我事業這麼成功，但是我還是這麼辛苦？」在和他的高層主管面談後，我告訴他「組織斷鍊了，這裡有嚴重的信任缺口」，原因很多，不是簡單的「計劃趕不上變化，變化趕不上老闆的一句話」，還有更深層的「信任危機」，在這本書裡，我們要專注的是：

- 如何覺察斷鍊？
- 如何建立信任？
- 如何分辨信任？
- 如何重建信任？
- 如何檢驗信任的強韌度

◆（2）如何建立自己獨特的領導風範（Build Up Your Signature Leadership Style）？

這是我的招牌教練主題之一，在各組織或是在EMBA裡最被需求的課程，它是我個人過去三十餘年來研究實踐後的領導力發展結晶。

大部分的組織現在正由「管理」轉換到「領導」的道路上；管理是科學，它可以學習和複製，但是領導則不同，它不再只

是「懂就夠了」的知識，而是要「歷練後才能擁有」的個人能
力，要在「歷練，反思，學習」過程中長成，一步步發芽成長，
它需要時間，也需要一些錯誤學習的經歷；我的企圖心是不只
要能「傑出」，更要能成為有「風範」的領導人，我在這本書
的三個主要議題是：

- 教練型領導力（Coaching Based Leadership）
- 建立個人獨特的領導風格（Build Up Your Signature
  Leadership Style）
- 領導風範（Executive Presence）

　　在本書裡我不打高空，只針對這些主題作了清晰的闡述，
有原創模型，自我的現況檢視表和工具箱，一步步幫助讀者走
出來你自己的領導風格；沒有對錯，只有「選擇」哪一個方式
對你自己最合適，那就是最好的答案。

◆（3）如何讓改變發生？

　　坊間有太多的書是談「改變」，這是「知識」，「懂知識」
還不能夠改變，要能衝破那「音障」走過那「死亡之谷」，改
變才能發生。聖經裡有段話非常的傳神「立志為善由得我（知

識），行出來由不得我（行動）」，你認同嗎？為什麼呢？這是神在人體上設計的奧秘，所以我也稱這本書是「人體使用手冊」，由人的本質來理解如何來讓改變發生？不談理論，懂還不夠，要敢於跨過這「恐懼之河」，走出來，做出來。

這本書以教練的專業和「合力共創」的精神來和讀者一起來啟動改變，讓改變發生，我們要深入人的內心世界，探索我們的心理狀態，找到自我改變的理由，動機和動力，自己來啟動改變，來完成由「要我做」到「我要做」的轉型。書裡頭有心理層面的探討，也有執行面所需要的工具箱，讓改變發生，成為常態。

我們使用教練流程，不是說「你應該…」而是探索「你想要…」的可能，讓每一個人願意做真誠的自己，扮演他自己作為領導人的角色，讓團隊看見陽光和希望，成員們願意參與和貢獻，自己肯定在組織裡的價值，告訴自己說「值得」，這是個人所需的那份「幸福感」。

◆（4）傑出領導人的最關鍵轉變（Executive Coaching）

在專業的教練領域裡這叫「高管教練」，這是我定期在香港大學「SPACE 教練講座」裡所專注的課題，這是針對在職高層主管所開設的工作坊，每一期學員的反應都是非常的熱烈，

有實例，可操作性也高，也是我個人做專業教練唯一的課題，如何幫助中高階主管換軌後再精進？這本書的內容，與其說它是教案內容，不如說是我在「教學相長」後的實驗成果；在我做專業「高管教練」多年後，經由高管教練間的互相學習（我每一年會參加國際上高管教練的先進課程或是研討超過 100 個小時），經由一對一個案教練案例的學習，或是經由教練工作坊裡學員間的討論所學習到的智慧，在加上個人過去作為高管的體驗，我努力將這些心得沉澱下來，目的不是只為「有困惑」的高層主管們，更為「很成功的高管們」而作。

　　我們常說「失敗為成功之母」，但是作為一個教練，我們更常看到「成功為失敗之母」的殘酷現實，諾基亞（Nokia）前總裁約瑪‧奧利拉有一句經典的話：「我們並沒有做錯什麼，但不知為什麼我們輸了」在多年後，歐洲著名的管理學院教授在訪查該公司後做出的結論是「組織畏懼症」，這是過度成功後的盲點「驕傲，自信，太專注，聽不進去不同的聲音，易怒，好強爭勝，貪婪……，」最終敗在「市場的遊戲規則變了」，但是高層主管沒有察覺或是沒有及時應變。

　　這本書裡，我建立了一套機制，讓領導人能活化組織，傾聽不同的聲音，再來釐清，分辨，判斷，合力共創，採取決策

和行動，這也是一本主管們的自我教練書。

　　高管的角度會較「全面，系統，多元，多變」，而且也較「極端」，由這個角度出發，這本書對於有志於未來成為高管的人也會有價值；這是一本由「心思意念」的改變，走進「行動改變」的教練和引導書籍，「由內而外」（Inside Out）和「由外而內」（Outside In）兼顧的教練轉型書。

◆ （5）50 個關於改變的關鍵議題

　　這是一本工具筆記，特別提供給購買全套書的讀者。它將收錄這套書裡的教練模型精華，你可以隨身攜帶或是放在你的桌前翻閱，我將重要的觀點整理，並針對它提出一些挑戰性的問題，希望有助於你再一次反思學習，再陪你走一段路。

" 使命與感謝 "

　　米開蘭基羅在雕塑完成「大衛」的雕像名作後，他告訴許多人：「我並沒有做什麼，他本來就在那裡，我只是幫他除去多餘的部分罷了」──這就是教練的本質，也是這四本書的使命，我們不再傳遞更多的新知識，書裡談的內容你都明白，我想做的事就是點亮那一盞燈，讓你沉睡的靈魂能甦醒過來，願

意開始展現你最好的自己，走上你的命定！

面對組織和領導者所面對的挑戰，我知道我們社會裡還有許多的專家，我只是勇敢嘗試著將自己的所知所學以及所做的寫下來和大家分享，這是「野人獻曝」也是「拋磚引玉」，現今是一個轉型的關鍵時刻，我們不能再等待，需要更多的合作和努力，一起來協助有企圖心的領導人和組織成功順利的完成轉型路，這是我勇敢出版這套書的動機，容我也給讀者們挑戰：「面對這千載難逢的轉型時刻，你能貢獻什麼？」讓我邀請你參與來合力共創。

本書能順利出版，除了感謝家人和出版社鄭總編輯對我的信任和厚愛之外，我還要特別感謝：

- 教練界和學術界的前輩和專家們：他們給我許多的養分，這套書不全是我的原創，你會不斷的聞到前人的智慧和足跡，我會盡量表示出處或是原創者，如果還是有錯失，請你們原諒我的冒犯。

- 我的教練學員們（Coachee）：不論是一對一或是在團隊工作坊裡，在對話裡，在案例的討論或是課後的報告，我都看到許多精彩的教練火花；我由你們身上學習

到的，比你們想像中的還多，感謝你們。

- 我的教練夥伴們：在不同的項目裡，我會邀請不同專長的夥伴與我同行，我「不局限在教練領域」（Beyond Coaching），我的目的是「幫助人成功」，「樹人」才是我的目標，感謝夥伴們幫助我開啟另一扇窗，讓我經過「合力共創」來開展另一種可能來「成就生命」。

- 我的臉書（FB）社群同伴們：我出版的每一本書都有一個臉書專頁，針對不同的主題和對象做不同的分享和討論，我會定期拋出一些相關議題，請大家來提供意見，也許我們還不認識，但是你們的反饋幫我看到不同的價值世界。

EXECUTIVE COACHING
LEADERSHIP ACCELERATORS
FOR HIGH LEVEL MANAGNERS

傑出領導人的最關鍵轉變

| 前言 |

「成功為失敗之母」

　　「失敗為成功之母」是一般人的生命歷練，一個有覺察力的人都會認同，這也是一般生命導師在服務的主題：「如何由失敗再起」。

　　但今日我們要提升到另一個階層，來面對一群所謂的「人生勝利組」，那些在組織雲端的高階主管們，他們所面對的風險是「成功為失敗之母」，過度的自信、驕傲、「我說了算」、霸氣、快狠準…等，倒也無往不利，如何讓他們願意謙卑下來面對即將到來不一樣的挑戰，這是高管教練的責任和使命；這本書就是針對這個主題而寫，如果他們經過這個教練流程都可以改變，對於組織任何層級的主管或是個人，還有什麼理由不能改變呢？

　　我記得一個非常生動的故事：在一個濃霧的夜晚，一個驍勇善戰所向無敵的將軍帶引一個艦隊在海上巡弋，通信官向他報告前面遠處有燈光，他馬上下令要對方馬上遠離他們要經過的航道，然而對方不吃這套，也要求他也馬上離開這個航道；

這位將軍怒氣沖天，告訴他：「這是王將軍的艦隊，你們馬上給我離開」，對方的答覆也很清楚：「我是燈塔，你馬上轉向離開……。」；不管你過去有多麼戰功彪炳，每一個人都必須成熟和謙卑的面對今日的現實，那座「看不見的燈塔」。

在過去這段日子，感恩許多朋友和客戶的支持，讓我服務過許多組織高層的領導人，他們在不同的行業，扮演不同的角色，面對不同的困境或是挑戰；我透過「一對一」的「一席話」幫助領導人開竅找到自己的出路，也很榮幸的和一家著名的大學合作在中國定期的開辦「高管教練」工作坊已經有幾個年頭了，我也透過在兩岸三地許多的工作坊來培育中高階層主管，幫助建立他們的「教練型領導力」，每年有超過 100 人參與，每一堂課我都會問他們兩個問題「你們現在面對最嚴峻的挑戰是什麼？你對這個課程的期待又是什麼？」我們的學習討論就由這裡開始；課後有些機構會有回訓，分享他們使用後的體驗，相互學習再精進，做為一個教練的我是非常的興奮，因為經由學員的參與，自己有更多的機會來印證和成長。

由領導力教練的角度來觀察，我發覺兩岸三地的組織所面對的機會和挑戰都是非常的相似，我將它分成兩大類：「精進」和「換軌」，「精進」是由 A 到 A+ 的旅程，由優秀到卓越的

發展過程，他們期待教練由不同的角度開啟挑戰性的對話，幫助他們掃除盲點，提升績效；另一種是「換軌」，面對不斷變化的時代，組織需要定期的做變革：文化，行為，新領導力，團隊建造，人才發展，導師制度⋯等，這需要特別的專業能力才能辦到，這些優秀的主管們不缺知識，他們多有MBA／EMBA的學歷和多年的工作閱歷，教練必須超越這個層級來提供價值，這也是高層教練的真考驗。

　　在經過這段時間的沉潛和能量的積累，兩岸三地雖然在現階段的經營環境和氛圍大不同，但是在教練的範疇裡卻是有許多共通的地方，比如說：大多數企業正徘徊在管理和領導模式轉型的岔口處，大家長式的氛圍仍然瀰漫，這和新世代的期待有很大的落差；組織內三代同堂，又該如何治理？信任的缺口非常的明顯；又如何建立主管們的領導風格？組織的傳承和接班，大多數的組織是在「只能做不能說」的階段；國際化是條必須要走的路，人才的培育制度如何建立才會有效⋯等等，這些題目深且廣，而且每一個企業的個案和需求都不同，這需要教練和最高階主管的「合力共創」，才能找出「最合適」的方案，更重要的是在每一次的組織改變前「領導人必須先自己做改變」組織改變才有機會成功，這是最關鍵的一步，如何幫助高管們優雅的轉身，這是高管教練最精彩的一個步驟；許多的

學員期望我們在課堂裡互動學習的精華沉澱下來,將理論,實務和工具融合在一個參考案例中,讓他們可以更容易的學習,這是這本書寫作的動機。

為了讓本書的內容和案例具有更高的可操作性和可複製性,我整合了教練專案裡所經歷過的每一個可能的流程和工具,在這個虛擬的案例裡展示出來,希望對讀者更有切身的感受和更有啟發性,期待你能輕鬆轉化並使用到你自己身上或對他人的教練服侍上,不必限定在服侍對象的職位和所處的行業;我也希望藉著這個虛擬的案例來陳述高管教練精神和關鍵流程;如果這些案例和你的企業狀況有些雷同而冒犯了你,我要請求你的諒解,因為這不是故意的。

華人企業在現階段有太多雷同的地方,特別在組織領導力上,本人不想也不願特意涉及到個別組織的隱私,我所要陳述的是一些通例,幫助我們一起來成長學習;我同時也要謝謝邀請我成為你們教練的個人和組織,在這套《如何讓改變發生?》系列書裡,你會體驗到我們共同走過的足跡,當你感受或是經歷到它時,就向自己微笑一下吧,因為你絕對不是唯一走在這條轉型路上的人,你我都不孤單。

1章

我績效卓著，那需要教練？

許多人有雄心壯志來改變世界，但是少有人知
道改變世界的第一步是先由自己改變做起

EXECUTIVE COACHING
LEADERSHIP ACCELERATORS
FOR HIGH LEVEL MANAGNERS

著名心理學大師榮格臨終前對學生語重心長地說：你永遠不要有企圖改變別人的念頭！你能夠做的就是像太陽一樣，只管發出你的光和你的熱。每個人接收陽光的反應是不同的，有的人會覺得很溫暖，有的人會覺得刺眼，甚至有的人會選擇躲避。種子破土發芽前沒有任何的跡象，是因 沒到那個時間點。只有自己纔是自己的拯救者。

領導人自我覺察，願意帶頭改變是組織變革最重要的動力來源，但是這也是高管教練最難突破的第一個關口，請允許我先來引導大家進入第一個案例。

"一個人資主管的邀請"

陳教練，

你好，我是「主要企業」的人資長，我曾參加過一次你的公開課程，對你的「感動領導」非常的有感覺，我也和老闆有些分享，我們一直在閱讀你的書籍並不斷的關注著你有關領導力的最新論述，這對我們的幫助非常的大。

最近我的老闆告訴我「我好累，我們不能這樣繼續下去」，我知道這是組織轉型的時機了，我們需要外部一個專家來幫助我們走出瓶頸也規劃轉型，你是我第一個想到的理想人

選，你有興趣這個專案嗎？如果能邀請到你的協助，這將是我們的榮幸，麻煩告訴我，我再來安排下一步，祝福哦。

人資處協理 蔡秀娟（虛名）

這是我常常接受到的邀請函，但是這封信對我很特別，他們對於教練式領導力已經有基礎，她和她的老闆也理解我的領導力模型和教練風格，這個一個較成熟的組織高管教練案子，我先到網站上查一下該公司的狀況，特別在企業經營這部分，這家企業是健康的。第二步，我決定和這位人資長見個面聊聊，理解她公司的需求，找到聚焦點再來決定是否有能力承接，以下是我第一階段對這家企業的探詢之旅：

" 發現：理解「主要企業」的組織和氛圍 "

這是一家成立 30 餘年的國際性企業，有多元化產品歸屬於三個事業部門，全球化的組織，多元化的人才，中央統一管理的人資，財務，基礎研發和製造，各事業部門設總經理一人，帶領團隊負責產品研發，市場營銷和售後服務。王董事長是創辦人兼總裁，年紀 60 好幾了，蔡協理是人資長，在公司裡也 15 年了，深得老闆的信任；組織的氛圍還是偏向大家長式的管理，

老董事長說了才算，他也是業界的領袖，參加許多企業外的活動，所以有許多的時間不在辦公室裡，社交活動完後再回來看公文，有時半夜還會發短信給高階主管，大家壓力都很大，公司裡的禁語是「傳承接班」，不能說更不能做，王董事長說「我還年輕」；偶爾他也會自己覺得「公司這麼成功，為什麼他還是怎麼累？」；蔡人資長告訴我，教練的目的是「如何讓老闆不累？」組織轉型是必要的手段，老闆的管理和領導方式必須改變，但是她不方便說，才來請外部教練的參與。

" 第一次的拜訪當事人 "

在蔡人資長的安排和介紹，我和王董事長見面了，花了將近兩個鐘頭的訪談；他特別強調他的經營理念，如何善待員工和合作夥伴，這是做到細微處，把員工當自己的家人看待，特別是那些和他一起打拚過來的老幹部，他抱怨「為什麼這些老幹部沒有辦法承擔更多的責任？老是長不大？還是要我親自來盯著才能做好？」這些訊息對我已經不再陌生，我利用這個機會來建立信任關係，為下一階段的行動鋪路；離開前，我徵求他的同意訪談他所有的第一線高階幹部，他爽快的答應了。

> **陳教練筆記**
>
> 一般的教練可能會在進入深度的訪談前要求簽訂教練合約，但是我個人在『高管教練』的領域抱持『無效免費』的信念，會徵求同意後先投入訪談並深度評估『可教練』的可能性，再行報價簽約。

◆ 訪談

我花了兩天的時間安排和每一個一線主管會談；首先先簡單的介紹教練是什麼？他們有什麼特色和價值？教練的行業規矩，特別是保密協定，建立一個安全的氛圍，讓他們願意陳述自己心中的看法和感受。

其次我開始探詢他們在組織裡目前工作的心情，「你在那裡？」這是一個很有趣的題目，簡單不會冒犯人，他們也很坦誠的告訴我他們目前的心情和位置，我分享下頁圖表和它所代表的意義：

1. 你現在在哪裡？

一個父母在經歷孩子的成長過程，慢慢的孩子長大成人了，甚至於他們已經成家立業了，但是在父母的眼中他們還是

你現在在哪裡?

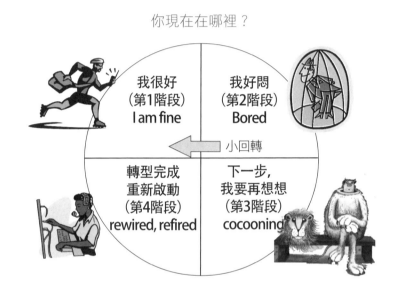

孩子,父母還是非常細節的關心孩子們的需要而沒有想到要學習放手,過去幾十年的對話模式也沒有改變,父親還是「父道尊嚴,愛之深責之切」,母親則是「事事關心,無微不至」。

在組織裡也是如此,一個創業者將他的企業當作自己的骨肉,將員工當家人看待,直到有一天,組織快速的成長,由幾十人成長到幾百上千人的團隊,他還是日以繼夜的忙碌,由外人來看,這家企業還是一個人的企業,還是老闆說了算的企業,可是許多的領導人自己不知道;曾經有一個企業的創辦人已經七十幾歲了,他習慣早起,每天早上五點多鐘就開始拄著拐杖

巡視廠房，夜班的員工都知道，這個時候最好打起精神來，否則難免會挨他的一個拐棍，廠長早上上班的第一件事是看創辦人巡視廠房後的發現和指示，數十年如一日的重複著；當一個人在同一個工作崗位呆的時間太長了，他會慢慢的適應於自己的老習慣，無法知道自己的盲點，相對的較難於突破。

我們再來反思我們社會上的許多的盲點，雖然許多企業都是強調領導力，但是這個社會還是充斥著「管理」的痕跡，部門主管叫「Manager ／管理者」， 再上去是「Director ／指導者」， 到權力的頂峰是「Managing Director ／指導者的總管，General Manager ／總管理者」，董事會叫「Board of director ／指導者的會所」

處處是管理者的痕跡，最近我們看到一些職能頭銜在演進中，比如說，夥伴，教練，領導…等；這是喚醒自己，尋求改變的時機到了，你預備好了沒？

要突破的唯一方法是「定期靜下來好好想想，你現在在哪個階段？我個人的理想是什麼？由各個不同的角度和主題來思考，事業，婚姻，個人成長…等，如何能進升一層做成長突破，邁向自己的理想？

在生命裡，我們面對不同的課題會處在不同的階段，這五

個階段是：

- **我很好**：很興奮，自我感覺良好，我還有許多的成長空間。（相對的，可能隱藏許多的盲點）
- **我好悶，我被卡住了**：被擠乾了，沒有創意，喪失活力，猶豫挫折沒有成就感，我該往哪裡走？
- **小迴轉**：內部的職能調整，或是自己心思意念的轉化，找到一線亮光。
- **下一步，我要再想想如何走？**我自己決定走出一條不同的路，讓自己覺得更有價值和意義，那又什麼什麼呢？
- **我理順自己的思路了，重新啟動，再出發**：啊哈，我開竅了，啟動自己的熱情，再出發。

2. 我的領導風格掃描

我請每一個主管針對這個表格，畫出自己目前的位置已經期待能貢獻出來的位置，我再詳細的探詢為什麼「知道」但是「做不到」？很自然的，大家的箭頭會指向大老闆，我安靜的傾聽，最後我會問一句「你覺得你自己是否有責任？你會做什麼改變？」大家的表情非常的錯愕，因為從來沒有人告訴他們「自己也有責任」。

最後，我也安靜的傾聽他們五個關鍵問題的答案，當然這也是保密的：

- 你個人認為今日的主要企業團隊的氛圍，你會給幾分？（1-10）如果要進步 2 分，它的關鍵著力點是什麼？（1 是不能接受，10 是非常完美）
- 你對組織未來的發展的前三大機會是什麼？它成功的關鍵因素是什麼？
- 你認為公司未來三年繼續成長的前三大瓶頸或是困難會是什麼？發展的動力又是什麼？
- 在目前工作崗位上你發揮了多少的實力？（　　）%
- 你希望團隊如何改變才有機會掌握到這些機會？
- 你個人願意參與嗎？你會如何做改變？
- 你所認識的王董，他是怎樣的一個人？（如果太敏感可以不回答）

先由開放問題，再引出個人的關心主題：團隊信任和溝通，

3. 報告老闆

這是一份我訪談後向老闆提出的個人報告

A. 目的：理解組織內部的氛圍，提供觀察和回饋。

受訪者的領導風格掃瞄（樣本）

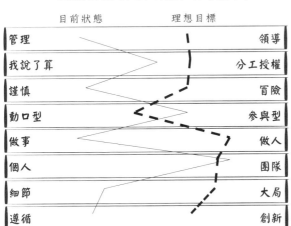

B. **實踐方式**：訪談6位高層主管，理解他們的心情和期待。

C. **總結報告**：本報告專注在可以改善的主題，由A到A+，
對於組織的優勢不再多細節的著墨。

- 組織優勢：對於組織的定位大家非常的認同。
- 組織信任危機：老闆是個性情中人，動機善良，可是
  在行為表達的方式，對方常會受到傷害，喪失信任。
  （註：我們只認知自己的動機，但是無法查驗自己外在
  的行為）
- 時間管理： 開會常遲到，上班時段在辦公室的時間有

限，和員工面對面討論的機會相對較少，外來干擾太
多，無法實時的全心投入和全神貫注，會相對的影響決
策品質。

- 溝通的方法：多靠公文，面對面的溝通不足；未能多開
放性的溝通，希望能先傾聽再來做決策，減少預設性的
定見，多鼓勵員工的參與和當責，開會時，能先排除外
來的電話干預，才能強化決策品質。

- EQ 領導力： 希望對員工心理上的基本尊重（言語暴
力，期待有尊重的行為）和對專業的尊重（特別是研
發和製造部門），理解他們的困難，看見他們的努力時
多給予支持讚美和鼓勵；多一些幽默感（開自己的玩
笑），説啟發性的故事，少負向批判性的言語。

- 企業文化的建設：信任，尊重，負責，專業，挑戰，對
產出的期待，適度的授權⋯等，這些都是努力的重點。

D. 報告的細節陳述

- 對於**組織的定位實踐和堅持**：組織市場定位
- **非常的激賞組織定位和老闆的堅持**，這是團隊最強的
凝聚力來源。
- **對社會議題的參與和貢獻與企業經營時間均衡的困境：**

時間／價值管理。老闆花許多的時間在外頭為行業做貢獻，大家都認同，但是相對的，再組織內部的時間就少了，面對面溝通的時間少了，要寫許多的「公文」，員工花時間，也不一定能說清楚，這是困境，需要老闆自己的智慧來決定。希望老闆可以每天花一些固定的時間在辦公室，這會有助於內部溝通，大家可以期待約時間和他溝通或是討論問題，希望這段時間也是在上班時間，不會影響員工的家庭生活。

- **EQ 領導力**。老闆對待老幹部是家人是夥伴，但是有些行為傷了員工的自尊心，比如說「開會時（公開場合）會抱怨或是罵人，在員工面前罵主管，在外部廠商面前罵主管…」這些行為大大的傷害主管的自尊，相對的，相互的信任和當責心就減低了。期待在外人（協力廠商），在員工面前能支持主管，私下罵沒有問題。

  挑戰性（建設性）或是批評（破壞性）的言語：平常感受到的，多是負面，抱怨或是情緒性的言語，極少讚美或是鼓勵，不太尊重，這對員工工作的成就感，對組織的歸屬感會有極大的影響。

  希望老闆也能看到員工或是主管的努力，優點或是貢獻，給予適時的讚美激勵，而不是一昧的批評指責，找

缺點，越做越沒勁，最後變成被動。

員工或是主管不敢或是不願面對衝突，不習慣在檯面上談問題，怕被罵不開心，或是認為老闆心理已經有定見，談也無益。

大家也都認同老闆是真心相待，但是員工更期待「被尊重」和「關愛眼神」；比起面對外人，相對的對內部員工有點嚴苛，心理很不平衡。

非常的匆忙，開會常遲到，已經成為習慣，大家都很挫折。

- **管理和領導**

  給予主管適度的授權：人事權，決策權，績效評估權，而不是凡事都要老闆做決策，（創辦人和老員工間的關係和情感連結是可以理解並接受的）。

  每一個項目結束後的反思學習，討論：可以再深化和強化。

  老闆點子多，大家窮於應付，相對的主管就較被動了，少做提案，多是被告知，主管和員工是執行者，造成打工心態，部門間的合作動力就減低了。

- **溝通品質**

  靠寫公文或是 Line 來報告，無法溝通清楚。

比較少面對面的溝通，凡事寫公文報告已經成為習慣，在面對面溝通時，也不敢坦誠直言，因為老闆已經有成見或是怕老闆會生氣（假設）。

只有老闆一個人做決策，造成他個人的工作量太大，只想快速做決策，相對的無法安靜傾聽對方的陳述，錯失創新的機會。

對話時，雙方的傾聽動機或是傾聽能力不足，而會造成心中對抗或是辯解保護自己。

設計部門有一套自己和老闆的合作模式，他是專業經理人的風格，但是其他部門主管是否有能力學習？或者是否合適他們不同的風格？

在討論問題時，老闆常會被外部的電話打斷，時間常被切割，不能專注，大大影響決策品質，以致決策常會搖擺。

" 怎麼第一個需要改變的會是我？ "

老闆在傾聽這些報告內容時，我可以看到他是耐著心在忍受這個煎熬的，因為這是出乎他自己的想像，他是一個自我感覺非常良好的人，他深信好心一定有好報，但是這個報告在他

的頭上澆了一盆冷水，好似「他的熱臉貼到他人的冷屁股了」，他的失望寫在臉上。在報告的最後，他問我一句「這是我的錯嗎？再下來呢？」；我沒有直接回答，我也禮貌性的回答他：「你認為我們該怎麼辦？」，他沒有答話，我說「讓我們消化一下，理解哪些是你同意的，哪些你暫時無法接受，基於你所同意的，你願意由自己開始來做一些改變嗎？只有你自己認同並願意改變，組織的改變才能發生？」他好似一只洩了氣的氣球，輕聲的說：「我是請你來改變他們的，怎麼第一槍就開到我的頭上來？」他收拾了筆記本，結束了我們的會談；作為一個高管教練，這是預期中的情境。

「怎麼第一個需要改變的會是我？」我們必須要有毅力來跨過這座山，他需要一些時間來消化。

"一封信"

有許多組織最高領導者有雄心壯志來改變組織的運作，但是少有人知道改變的第一步是先由自己改變起。在幾天後，我寫一封較柔性的信來給王董事長：

王董，

　　很榮幸在你百忙之中有機會和你聊了兩個多鐘頭,當你嘆了一口氣後說道「我事業這麼成功,為什麼我還是怎麼辛苦?我將幹部們都當成自己的家人看待,為什麼他們還是分擔不了我的重擔?」你的心情我可以理解;我也感謝你的安排讓我有機會和你幾位主要幹部做了一對一的訪談,訪談報告好似一面鏡子,它不在批判對錯,而是由員工們的角度來感受一下組織內部的管理氛圍,我總結的幾個關鍵點是:

　　1. 老闆的個人主見太強,員工沒有參與提出意見的機會,我曾試了幾次,最後變成一場辯論會,還是尊重老闆讓他贏,相對的我的態度也由主動積極變為被動消極,就聽命行事,以後我就不再浪費時間用腦筋想事情了,非常沒有成就感。

　　2. 老闆意見多變化又快,他追求完美又非常的龜毛(太挑剔小細節),跟隨他久了就疲乏了;一件事還沒有執行完成,新的點子又來,打翻原來的努力成果,好挫折。

　　3. 組織變大了,但是老闆還是用早期創業的心情來管理我們,甚至在公開場合還將我們當家裡的小孩在數落,忘了我們已經接近五十歲的人,職位也是協理級的高層主管了,我們也有自尊哪!

　　4. 老闆待我們實在是好,沒有話說,但是在工作裡卻是有承受不起的重,心中非常的矛盾,我該怎麼辦?

在上次簡報過程中，我注意到你臉色的變化，我知道你努力按住心中的那口氣，最後你說「看來，解鈴還需繫鈴人，給我一點時間來想想，我們再來談。」

現在距離上次的見面已經有一段時間了，我可以想像你這陣子心中的煎熬「這是我的錯嗎？」今天我大膽的寫這封信給你，第一個想告訴你的消息是「這不是你的錯」，這是企業轉型必須經歷過的痛，你不是唯一，不是前面沒有路而是該轉彎了，這是「管理和領導，專斷和授權」間的拿捏，沒有對錯，而是「對和對」間的智慧選擇；面對不同的情境不同的人需要不同的方法，這是企業高管教練的專業，我們有一套專業的機制協助高管優雅的轉身，不會讓你沒有面子或是失掉尊嚴，更不會改變你的本色和特質，唯一你要預備的是心態的調整，「勇氣，謙卑，紀律，願意展示脆弱，並尊重接納他人」是關鍵；當你心情調整好了，願意踏出來時，你再來和我聯繫，好嗎？我相信以你的個性和渴望改變的動力，你可以輕鬆上路，成功抵達目的地。

祝福你。

你的教練　陳朝益

　　我事先問過王董，我有一封私信給他，他希望以什麼方式來送？電子郵件還是一般掛號信件，他的答覆是「以密件私人掛號」，因為他不希望他的秘書看到這個信件內容。

　　這封信寄出後，沉寂了好長的一段時間，蔡人資長才再回來和我聯繫，這是下一章的主題了，這個案例我們先在此打住，我們來回顧一下，在這一個階段，需要先處理哪些關鍵因素，高階主管的個人改變才能發生？

RAA 時間：反思，轉化，行動

- 在你的組織裡，有類似的主管嗎？
- 如果你是人資主管，你會如何來幫助他？
- 如果你是主管，你會如何查驗你的行為呢？
- 如果有人回饋你有需要改善的行為，你會如何對待他呢？

"誰需要教練"

　　教練不是提供答案的人，特別面對組織高階主管（本書簡稱為高管），教練是幫助服務的對象（本書稱他們為學員）喚醒自己，透過一場教練式的對話，來點亮學員自己的盲點，釐

清自己的目標使命和動力，勇於做選擇並採取行動，並能堅持
下去；這就是「一盞燈，一席話，一段路」的教練精神，由這
個定義來看，哪些人需要教練呢？他們是面對困境或是機會，
敢於尋求外來協助的人，敢於說出「我有困難做決定，我需要
幫忙」的人，在剛才看過的「你現在在哪裡」圖片裡，以上的
五個階段的人都有可能有需要教練的協助，谷歌的前 CEO 史
密特就曾說過「人人都需要教練」。

　　在組織的高級領導人，許多人都有私人的教練，不是陪伴
打球的教練，而是在做關鍵決策時，教練能點亮盲點，由不同的
角度和高度來釐清和挑戰，而不會陷入在「昨日成功的光環」
裡或是「共錯結構」的團隊思維裡；幫助這些領導人認同「昨
日的優勢擋不住明日的趨勢」，改變是唯一的出路，不要陷入
過度「自我感覺良好」的氛圍裡，組織的改變啟自於領導人的
自我改變，這是關鍵的一步。

◆ 誰是高階領導人（Executives）？領導者的職能

　　我們這本書所要談論的「高階領導人」，不在於他們的職
位，權力或是所承擔的責任，而是他們具有以下其中一個 P &
L 職能：

　　1. P & L（Profit and Loss 獲利或是虧損）：這是「經

營力」，組織獲利的責任，這是傳統的資材的經營，它期待的經營環境是具有 PSPD 的經營能力：Profitability（有獲利能力），Sustainability（可持續性），Predictability（可預測性），De-risking.（有風險管控能力），這些專業在課堂裡可以學習，可是今日的經營環境剛好相反，必須靠下一個 P & L 來強化和補足。

2. P & L（Power and Love 權力和愛心）：這是「領導力」，組織發展的責任，偏重在人才資本的開展，讓員工和組織有深度的鏈接，共同面對機會與挑戰來參與和創造開展未來。面對不同的情境和不同的人，依據領導者對他的信任和關心程度，領導者會調整「權力和愛」的比重，給予適度「關愛的眼神」；在這個過程裡，領導者也同時在發展一個員工的才能，這是「心領導力」，這是高階領導人必須具備的基本功。Power 是提升的張力，是專業，決斷和執行的力量；Love 是接納包容合一的力量，一個領導人必須同時具備這

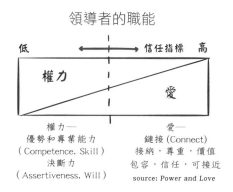

領導者的職能

兩個能力，不只是對團隊成員，更是對組織發展的使命，最重要的是要有「主人翁」的心態，願意投入自己，為的是組織賦予的使命和目標，這也是本書所專注的主題。

" 教練的價值：點亮盲點，開啟對話 "

　　教練不在長「知識」，而是在協助學員長「智慧」，在關鍵時刻能做出正確的決策，並勇敢的採取行動；如何辦到的呢？教練的價值在於開展以下的一些能力，這是在日常行為裡無法展現的；首先，專業教練的基本認知基礎是「保密協議」（Confidentiality），所有的討論都是保密的，除非當事人自己，教練無法代表發言，這樣的一個安全氛圍，讓當事人能盡情的發言，分享心中的感受和需求，如此才能發揮教練的特殊價值（9P）：

- Purification，釐清動機
- Purpose，釐清使命和目標
- Passion，展現熱情
- Potential，啟動潛能
- Possibility，尋求不同的可能
- Priority，分辨優先次序

- Perspectives，不同的觀點
- Plan，設計計劃
- Proceed ，啟動

　　我們常說「領導人是不同的動物（Leader is a different kind of animal）」，不是他們不同，而是他們承擔這許多不為外人道的角色和責任，但是又無法對外人說，他們是孤獨的一群，在某些事上，他們自傲和封閉，也有自己的定見或是成見，他們最不缺的是知識和經驗，但是也最容易造成盲點的來源，我常說他們許多人是「看後照鏡開車」的人；可是在某些事上，他們又是如此的脆弱和孤獨，心中有許多的疑惑，但是有苦難言，無法當場做辯白；教練是能讓他們信得過的人，也能保密，傾聽他們的看法，也能提出不同角度的看法，給予挑戰啟發並能看見新的可能。高階主管們的心思意念裡常常會有 FAITH 的狀態，不是信仰而是「Filtered（扭曲），Agenda（別有目的）， Ignored（忽視），Too details（見樹不見林），Hot spots（被熱點吸引）」，這會讓領導人做不合適的決策，在這個關鍵時刻，教練就是高階領導人的秘密武器；你我所認知的財星 500 大企業的 CEO 裡，許多人就有私人教練，他們不是顧問，在客戶的企業經營領域不是專家，但是他們提供不同的

價值，這也是 CEO 們急需的關鍵的價值。

說到定見和盲點，我來說一個最近發生的一段故事，我買了一根棒棒糖給朋友的孩子吃，因為是做功課時間，所以朋友將它放在桌上，等到做完功課後，朋友直覺的反應是「已經超過 30 分鐘了，還沒有螞蟻來，這個東西是否是改造基因的東西？能吃嗎？」，我回答他「你放在那麼高的地方，30 分鐘螞蟻爬得到嗎？況且你家打掃得這麼乾淨，會有螞蟻嗎？」這是一段不同觀點的對話；一個老闆到海外視察，看到一個幹部的表現，就私下對在地的主管說「這個人不能用」，那主管就對老闆說「是你在用他還是我？」他忽然頓悟，自己「指指點點」的老毛病又發了。

◆ 高階領導人常遇見的教練主題

高管教練的使命是在人才發展，透過正向的改變來達成「傳承和開創」；高階領導人最常教練的課題是什麼呢？除了日常的運作過程提供以上所提供的 9P 價值外，一般的外部教練還依照合約，針對特色的主題，提供專業的教練服務；這是我經常經歷的一些高管教練主題：

- 建立個人的領導風格（領導力教練），
- 領導力精進 ，（A 到 A+）

- 領導改變：換軌，（Ｂ到Ａ）
- 全球化的多元領導，
- 人才發展，傳承接班，
- 創業創新，
- 信任關係，
- 團隊建設，
- 情緒管理，
- 新世代領導，
- 其他：比如說生命教練…

　　高管教練主題在各個國家和區域會有不同，這是一個國際知名企管顧問公司在《創業者》雜誌所做的一篇報告，它的題目是「在未來五年，企業最需要的領導能力是什麼？」，請問，你的組織未來五年最需要發展的領導力又是什麼呢？

◆ 高管教練的特色

　　高管教練具有兩個特色，這是一般教練領域比較少見的：

1. Beyond MBA & EMBA

許多的高層主管都有很高的學歷，參加過名校的 MBA 或

在未來五年，企業最需要的領導能力是什麼？

	亞洲	歐洲	北美洲
1	全球化思維和領導能力	領導改變	領導改變
2	領導改變	全球化思維和領導能力	人才發展和留才
3	人才發展和留才	人才發展和留才	全球化思維和領導能力
4	創業和創新精神	創新精神	應變能力
5	永續經營（傳承接班	應變能力	團隊合作

是 EMBA，但是他們還是非常需要高管教練的支持，許多的學歷提供的是「知識」，「最佳的商業模式或是典範」，當面對現實的多變情境，特別是有關於人的領導，往往無法靠知識來面對，這需要「智慧」，我們來細部分辨 MBA/EMBA 和教練領域的不同。

2.Beyond coaching，超越教練

許多的教練只停留在教練的專業領域裡，以為「一棒就能打天下」教練萬能，這是一種迷思也是對教練專業的高傲，而忘了教練的初衷和使命，教練的使命和責任是「**幫助客戶找到**

自己的能量,來面對挑戰,解決自己的問題或是開展未來的可能機會,並能由知道到做到」;無疑地教練(Coaching)是一個非常好的手段,但是並不是唯一的手段,教練的專業能獨立自主,但是如果能和其他的技巧或是專業合作會更為有效;本書的「高管教練模型」是「以教練為核心」的能力,它還要涵蓋其他多元的能力;這裡談到的「以教練為核心」,它是基於以下的能力和精神:

- 這是一個自我學習和成長的旅程,它的成就由學員自己負責。

Beyond MBA & EMBA

MBA / EMBA
- 專業指導
- 知識型學習
- 理論模型
- 最佳案例討論
- 專業案例研究
- 同學間的團隊合作
- 關係網路
- 其他

Coaching 教練
- 學員主動提出主題
- 智慧型學習成長
- 個人化需求
- 保密，極機密
- 透過 1x1 對話
- 學員的潛能
- 學員的執行力
- 學員自己負責任
- 其他

- 這是一個個人獨特和高度保密的信任關係和對話流程，沒有當事人的同意，不會向任何第三者透露。
- 學員的「勇氣，謙卑，紀律和勇於展示自己的脆弱」是基本素養，更是成功的要件。
- 這是一場以「學員」為中心的學習旅程，在合約裡有清楚的 OMG（Objective, Means, Gain；目的，方式，期待的價值）

"高管教練做什麼，不做什麼？"

教練做什麼？目的是什麼？ 我在網路上看到一個圖片，它

很久以前，有一個草莓，
他天天敷面膜，天天保養，
然後她就變成了右邊那個樣子

的文字說明非常的傳神「從前有一粒草莓，它天天敷面膜，然後
就變成小番茄」，這是教練要做的事嗎？絕對不是；我知道有
些教練專注在「外在行為的改變」，這很重要，特別在職場，
對於「高階領導人」更是重要，但是單單的改變行為不是教練
的目的，至少不是我個人做教練的目的。

◆ 高管教練的兩個使命

　　第一是「績效教練（Performance coaching）」，第二是
「個人發展教練（Developmental coaching）」，沒有「個人
發展教練」，「績效教練」的基礎就不會太穩固，高管教練起始
於個人的生命教練，也就是個人發展教練；一個人的行為和個人
的生命息息相關，一個高管如果沒有心，而只是做外在行為改

變，還是無法建立起他個人的領導力，無法建立信任的基礎；這是組織今日領導力面對的最大問題：「斷鍊了」，上層和下層斷鍊了，如此才會有許多的魅力型領導人，自我感覺良好，但是員工卻是活在「水深火熱」之中，不開心，常抱怨，負面思想，這是常發生的現象，我在本章前面的兩封信，基本上就是這個問題，所以組織教練的第一步就是幫助領導者做自我改變（Be the change）的發展式教練（Developmental coaching），其次才是組織改變或是組織績效教練（Performance coaching）才有機會成功。

◆ 高管教練的挑戰：精進，換軌

　　不管是績效教練或是個人發展教練，最終的目的還是組織的績效，它可以用不同的方式來呈現或是評估，要達成這個目標可能的途徑有兩種：

- 精進：就是由 A 到 A+，由優秀到傑出，有許多學習型的領導人不斷的在精進，面對 DDCU +3G（Dynamics, Diversity, Complexity, Uncertainty, Globalization, Generation, Gender；動態，多元，複雜，不確定，全球化，世代代溝，性別平權）的世代，領導人要不斷的精進，不只是資材的經營力，更是人才的發展能力；

最常見的教練主題是「EQ 領導力，建立你的個人領導風格，跨世代領導力和對話力」

- 換軌：這是由 B 到 A 的轉換， 這事每天都在你我身邊發生，只是我們習以為常而漠視了，當然換軌就不會特別的順暢，舉幾個例子，一個成功的技術長轉換為事業單位的總經理，一個傑出的銷售員成為銷售經理；一個好的老師成為主任；一個好的醫生成為醫院的院長，一個好教授成為一個政府部會首長，組織接班人…等，這些案例大家都不陌生，也能理解他們的績效和結局。在跨行時，我們太低估新領域的專業，或是太看重自己現有的專業，這就是「看後照鏡開車」的人，有一本書的書名非常的傳神：What got you here, won't get you there；這個是經典的一句警語，但是許多人都漠視這個事實。

不管是精進還是換軌，「優勢領導力」發展模型是一個實用的工具；我們在「如何建立你個人獨特的領導風範」這本書裡有針對「優勢領導力」做了詳盡的描述，這裡所要陳現的是，一個人的發展，不管是精進或是換軌，都是以「個人的優勢」為基礎，在這個基礎上長出來，而不只是想「改變」一個人外在

的行為，而不談個人的內心裡的改變。最常發生在組織接班團隊的培育上，我們幫助的是建立個人的領導風格，在自己的優勢上長出自己的優勢能力來，而不是「預備接那個位置的班，所以我該怎麼預備自己？」常常會有畫龍不成反為狗的窘境，

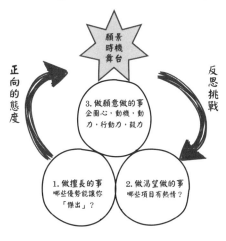

優勢領導力
Strength-based Leadership

所以對於一個高管教練，我們會問幾個問題作為查驗的基礎：

- 你的優勢是什麼？（你擅長什麼？）
- 你的熱情是什麼？（你喜歡做什麼？）
- 你個人的企圖心是什麼？（你願意做什麼？）
- 你能堅持嗎？

熱情再加上堅持就有機會，身為一個組織領導人，你必須走出自己的特色才算成功，在這個世代「蕭規曹隨」不再是一個好的選擇；當然我們也認同需要有一段的轉換期，包含心態

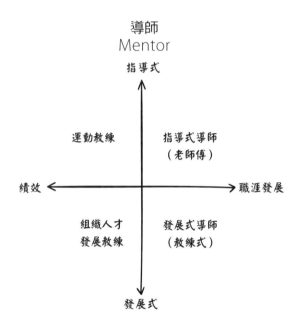

和系統的更新，這對員工才容易接納和融入。

" 當教練遇見導師 "

在大部分的組織裡頭都有導師制度，許多企業的導師制度還是停留在幼稚園階段，只為新進人員而設，還不是組織內部人才發展和核心能力傳承的機制；組織內的導師有兩種：「指導式導師」和「發展式導師」，前者注重在專業技能的知識和經

驗的傳承，我們叫他們為「業師」；第二種是偏重在人才發展上，釐清自己的優勢，目標和機會，如何在組織內發展成長…等，我們稱他們為「導師」。

在同一系列書《如何發展自己獨特的領導風範》這本書裡，我們談到了「N型領導」，針對不同的人，面對不同的情境，領導者要使用不同的領導方式，我們用接著的兩張圖表來表示：

- 在前：權力式的領導，
- 在旁：指導式或是發展式導師。
- 在後：發展式教練。

導師和教練有什麼不同呢？我用一張圖表來詳細分解；另外被常問道的問題是「什麼是導師和導生間最常見的主題呢？」

- 個人工作和生活間的平衡，
- 企業文化的融入，

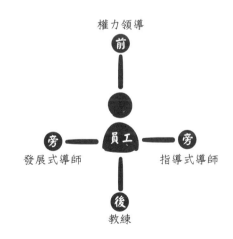

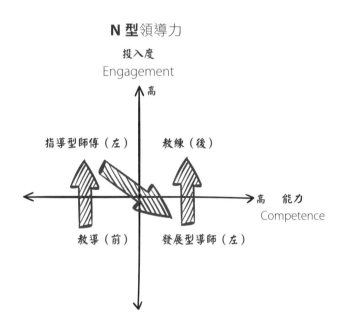

- 組織內的多元，
- 組織內的門派（山頭）關係，
- 如何做最佳的決策，
- 經驗的學習成長，

◆ 導師制度面對的挑戰

　　我們體驗到導師制度今日面對許多的挑戰，這是一些案例：

- 被指派的關係，而不是自己找尋認同和邀請，

導師和教練的異同

導師	教練
• 時間較鬆散	• 有嚴謹時間規範
• 主題較模糊	• 主題和評估指標明確
• 學習發展目前的領域	• 保密機制嚴謹
• 導師的人脈有價值	• 面對未來潛力和機會
• 加速理解組織內部氛圍	• 平等開放的對話
• 新人新職	• 要有教練的專業
• 典範 (Role Model)	• 傾聽，探詢，對話
• 建議者 (Advisor)	• 不做建議，不是典範
• 經驗傳承	• 自己啟動負責成果

- 導師和導生間的個性不合，相處不來，

- 沒有具體目標，結果演變成為談話會，浪費時間，一兩
  次後就談不下去了，大家認為是浪費時間。

- 對於導師是時間的額外付出，沒有一個合理的機制來
  給予報酬。

- 保密性是個挑戰，

- 導師對導生的批判也是一個挑戰，

- 關係的拿捏：不要變成組織內部的另一個山頭，小圈
  圈，這是組織裡最忌的事。

- 控制慾：導師將導生變成個人助理了，

- 給予建議後的追踪，不再是建議而是指示了。

◆ 導師制度未來的發展

以上的困境都可以使用「系統的設計」來改善。我們的團隊就基於教練的精神，開展出來一套新的企業內部導師制度，比如說，如何避免導師和導生間的個性不合？如何建立導師合約目標和指標？如何將導師的付出納入個人績效指標？ 如何培育合格的導師？如何避免掉入山頭主義？⋯， 由教練精神出發，開展出「學習發展型」的導師制度。

同時，我們也將各個名詞做一些更明確的規範，專業的技藝傳承型的導師有他們的價值，我將它定義為「業師」，他們可以是直屬的主管或是資深的同事；但是作為發展式的「導師」，它融入了教練的本質，考量導生的「優勢，熱情，企圖心和組織內部的氛圍」來對話和給予建議，最好是「異子而教，隔代相傳」，最後還是由導生決定是否採納。

作為一個高管教練，我們的目的和使命是提供學員他所需要的價值，我們的中心思想是作為高管的教練，但是也不只是限定使用教練技巧而自縛手腳，我們可以是發展式導師，作為一個引導師或是一個學習的引導者。基於這樣的認識和共識，我們下一章開始來邁入如何開展「組織高管教練」流程。

RAA 時間：反思，轉化，行動

- 你有被教練的經歷嗎？

- 你的感受如何？

- 如果重來一次，你會有什麼不同的做法？

- 你的組織有導師制度嗎？它是怎麼運作的？

- 如果還有機會改善，你會怎麼做？

2章

開啟一扇教練的門

不是前面沒有路，而是該轉彎了

EXECUTIVE COACHING
LEADERSHIP ACCELERATORS
FOR HIGH LEVEL MANAGNERS

" 再續前緣 "

在我寫信給王董事長後，大約有六個月的安靜期，有一天人資長蔡協理來信了。

陳教練：

感謝你上次和我老闆的對話，我感受到他的痛，也感受到他對自己行為的覺察，開始會照顧到主管們的個人需求和感受，這是一個好的信號，我一直在等待那「破冰」的一刻，前天下班前，他找我談這件事，他只問我「我們再下來，該怎麼做？」，這個我個人沒有經歷過，只好再回來求救於你；我仔細思考了一下，也想出一些問題，要麻煩教練指點迷路，目的是「如何開啟一扇教練的門」：

作為一個人資主管，我們如何和教練行業有來往？對我來說，這是一個新的領域；對於一個人資主管，我們如何來設定「教練」的資格？又如何找到最合適的教練？

市場上有許多不同的教練，以前我認識的講師顧問們都改變掛名為教練了，如何來區分他們是那種教練？教練的合約報價又是如何？還有那些需要注意的事呢？

對這個領域我完全沒有經驗，問題如有冒犯，也請諒解。

蔡秀娟 人資協理

　　看了她的來信，我知道她的心中還有一籮筐的問題，我也感受到她心中有一把火，燃燒著一個組織轉型的大使命和大願景，她不是期待著我針對這些問題一個一個的給她解答，她的問題只有一個「如何在組織裡啟動教練專案」；在確認她真正的需求後，我和她約定了幾個時段做一對一的對話，先為她的心中做些必要的鋪墊，幫助她經由對話找到自己問題的答案。

　　補充說明一下，這是收費的服務，因為她清楚的知道需要什麼，這對話對她絕對有價值，以下是我們對話內容的一些主題，因為她的急迫性，我們的談話架構表示著「高管教練」，但是它對一般的教練運作還是具有很高的參考價值。

- 高管教練的 5W1H
- 如何定義合適的（高管）教練？他們的資格有哪些面向需要考慮？
- 「在地文化」和「行業經驗」的重要性
- 如何遇見和預見教練們？
- 教練的認證
- 內部教練合適做高管教練嗎？
- 如何啟動高管教練專案？
- 教練的後勤運作：合約，報價，運作模式

" 大哉問：高管教練的 5W1H "

◆ Why：高管為什麼需要教練？

我們常常有這個說法「不是前面沒有路，而是該轉彎了」，在這面對高度變化高度競爭的時代，經營者強調的是「快準狠」，往往太過專注或是太過自信而錯失轉彎的關鍵時刻，Nokia 在大衰敗前的 CEO 說過一句經典的話「我們並沒有做錯什麼，但是我們失敗了」，這就是經典的案例；我 常 用 DDCU+ 3G （Dynamic, Diversity, Complexity, Uncertainty, Globalization, Generation, Gender 動盪，多元，複雜，不確定，全球化，世代交替 , 男女平權）來闡述這個世代的特色，也用 TEMPLES （Technology, Economics, Marketing, Politics, Legal, Environment, Social 科技，經濟，營銷，政治，法律，環保，社群）來闡述這世界的現實面，一個經營者如何能「眼觀四方，耳聽八方」後還能做正確的決斷？不再看後照鏡開車？而是面對現在，籌謀明天？如何掃除盲點，過濾雜訊，釐清使命和目標？這在在需要一個專業的旁觀者的協助，不再是「給答案」，而是做一個「協助者」，讓經營者在「快準狠」的運作中，不會因為路障或是盲點而跌倒。

今日傑出組織裡有許多的精英人才，他們有許多是 STEM

（Science, Technology, Engineering， Mathematics；科學，
科技，工程，數學）領域的專才，當他們要被提升到主管或是決
策領導人時，他們必須強化「人文素養」的軟實力，學習接納
多元和不同的能力，強化溝通和傾聽的技巧，學習國際經驗，
團隊領導力，判斷思考和決策的能力，這些都是高層主管教練
的領域。

◆ Who：哪些高管需要教練的協助？

　　不是每一個人，特別是高管，都是在「可被教練的
（Coachable）」的狀態，最合適接受教練的人是個「不間斷
的學習者」，願意謙卑自己來傾聽不同角度的看法，有勇氣來
面對自己的脆弱和不足來尋求外來的協助，願意接受他人的挑
戰而不被冒犯，而不是單單靠自己昨日的成功勇猛直衝，他們
會時時警惕自己，不能錯過下一個「轉彎」的路口。

　　哪些組織領導人需要教練呢？他們可能是：

- 　很成功的高階領導人：這是傑出領導人的私人秘密武
器，這不會特意顯露，也不見得會透過人資部門來安排
處理；教練們自己也不能公開透露。

- 　精進型：期待由 A 成長到 A+ 的領導們，比如說由副總
提升到總經理。

- 換軌型：由 B 換軌到 A 的領導們，比如說由技術副總換軌到事業群總經理。
- HiPo（High Potential 公司要栽培的高潛力人才）：這是超越 MBA/EMBA 之外有系統的人才發展策略，它專注在智慧潛在能力的發展，而不是知識的學習。
- 高階團隊的策略性發展主題教練：創新，企業文化的變革，組織轉型換軌，組織精進，學習型組織，傳承接班，導師制度…等。

◆ 挑戰

這是高階主管每天都必須面對的情境和挑戰，因為忙與盲，高管們常常被日常的急事卡住而迷失了或是因為太過於專注而忽視了一些關鍵的訊息，在教練的對話裡可以提供一個不同觀點的思考角度，這是組織高層主管們最大的挑戰：

- 組織文化的建設
- 看大局，看整體，看組織系統，面對問題時先問問什麼？找原因而不只是處理事情
- 努力移除組織成長的攔阻，幫助組織和員工成功，
- 有高度：敢於挑戰，溝通使命設立高目標

- 放下權力，讓全員參與並學習負責
- 喜愛你的工作，並且願意成為他人的教練，而不是細節管理者

◆ What：哪些是高管教練的議題？

教練的課題因人因時而異，它可以是「績效教練」，也可以是「人才發展教練」。

當自己感受到「昨日的方法今日不再管用時」，這就是可以教練的時機了；舉一個例子來說，大家對諾基亞這個品牌應該還有一些記憶，它曾是手機市場最大的供應商，但是曾幾何時，它的品牌已經消失無蹤，同樣發生還有柯達，全錄…等，以前的理論是「市場佔有率」，大者為王，但是一個轉彎，它們就都消失了。這是組織變革的議題；還有世代領導力，人才發展…等議題，外在的環境日日在改變，你預備好了沒？

◆ When：在什麼時候教練的參與最合適呢？

回答這個問題，有內在和外在的兩個因素，外在的因素就是「當你昨天成功的關鍵能力不再管用」時，就是尋求改變，教練參與的時機了；我們剛說的「市場佔有率為王」的時代，「權威式管理」我說了算的時代，你的顧客和員工不再那麼忠

心於你和你的組織的時代,當你覺得前面沒有路了,必須要轉彎的時候;內在的因素是領導人的心不能太剛硬,硬是要拗過去,相對的心理要柔和謙卑,外來的協助才會成為他們的夥伴,而不是一昧的在心中抗拒「這個我知道」,而不問自己「為什麼知道但是做不到?」這是可接受教練的幾個關鍵時刻:

- 覺察到外在環境的不同並決心改變
- 當你的投入不再有預期的產出時(做事,待人)
- 當你過去的成功方程式不再有效時
- 感受到人與人間的信任感在消失,疏離感在加增時,
- 挫折孤單不順困難的挑戰接踵而來時,
- 領導人公開承諾我有責任,由我先做改變然後邀請大家一起來參與這改變。
- 感受到改變的急迫性,
- 有清晰的願景,渴望實現,
- 努力尋求其他可能的路徑
- 願意和團隊夥伴一起合力共創

◆ Where:在哪些地點呢?

　　教練有各種不同的形式,可以是一對一,可以是一個團隊,

可以是面對面，也可以是遠距的對話；不在於它的形式，最重要的是如何能建立信任，說出心裡底層的感受和想法，建立一個安全的對話環境，願意接受挑戰找到自己的盲點，自己願意突破開竅，自己願意面向一個更寬廣的明天。

◆ How：如何教練呢？如何合作共創新的可能呢？

　　每一個高管教練都來自不同的背景，有他們個別不同的歷練，各有自己一套的教練模型，我們無法判斷哪一個模型最好，最重要的是「提供客戶價值」，幫助解決他的困境或是迷惑，這是一場「智慧型」的盛宴，不是知識的傳承。針對客戶不同的需要，我們如何幫助領導者面對他們的挑戰或是機會呢？可能的方式有兩種：

- 知識型的學習：在面對不確定的環境，個人或是組織進入一個嶄新的領域，領導人「知道那些地方他們不知道」，這是知識學習，好比一個技術領域的副總要成為事業單位總經理，這裡有一道深深的鴻溝，他必須先學習這些他「知道自己不知道」的領域，可能透過培訓或是內部外部導師；有些企業將高層領導人送進不同企業的董事會，異業交流也是一種的學習。

- 智慧型的開竅：這是教練的專業領域，這也是許多「顧問們的困境」，他們花了好多的心血整理出來一個建議案，可是老闆們常會不自覺的説「這個我早就知道了」，顧問們就心裡發沉，教練則會問「為什麼你知道但是做不到呢？」這是教練流程的開始「引蛇出洞」，教練是啟發潛能，點亮盲點，開竅有洞見，讓激動感動轉變為「行動」，敢於面對風險挑戰和可能的衝突，願意給自己一個機會，這是教練。

再進一深層，一個人或是組織表面所呈現和需要的，不一定就是他心裡所要的，我們需要再深入探究，好似一個有病的人，吃藥可能會好，更重要的是改變習慣；一個人買報紙不是喜歡報紙而是需要新聞內容，一個人買眼鏡不一定是做裝飾品而是要有清晰的視力；一個人要買座燈不一定是要那燈而是要照明；如何探尋心裡

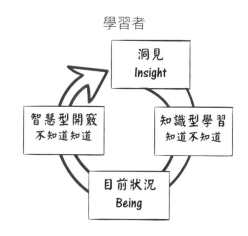

底層的「需要和想要」才是根本的解決之道；教練是「一盞燈，一席話，一段路」，透過互相信任的對話，打開心靈的眼睛，讓學員看見自己心中的盲點和憂慮，讓學員願意並敢於說出自己的「感受，需要和請求」，教練才陪伴他走一程，這是教練。只靠激勵無法完全改變一個人的習慣，只靠自己的決定和毅力也無法做一個新造的人，我們更需要靠外來的張力和陪伴才能完全改變並持續下去。

（同時，在這個「How：如何啟動組織內的教練專案呢？」的主題，我展示了兩張圖給蔡協理，一張是企業如何導入教練式領導力，另一張是教練專案的管理流程。）

企業導入「教練式領導力」三部曲

第一部：認知 （學習和體驗）	第二部：教練技能 （培育啟動）	第三部：自我改變 （提升開展）
教練式領導力 【體驗課程】	教練式領導力 【進階班】	教練式領導力工作坊 【高階班】
企業反思 決策引進	工作坊： 企業願景重塑 人才培育制度 團隊焦點學習 Y世代領導	中高階主管 高潛力人才 1 x 1 教練
高階主管教練 1 x 1		企業轉型 接班傳承

教練專案管理流程—

1	2	3	4	5
需要教練協助，建立教練合約	現階段狀況釐清，建立目標	建立計劃和流程	執行：評估，對話，檢核	最後評估報告

　　如果由教練目的或是結果來做簡單的分類，則有三大類別：

　　1. **評估型教練**（Assessment coaching）：協助做各種專業的評估和測試，並幫助你做解讀，可以延伸成為生命教練，生涯規劃教練⋯等。

　　2. **績效導向型教練**（Performance orientation coaching）：這是一般具有企業經歷的高階主管教練所提供的專業，教練的目的直接和組織目標掛鉤。

　　3. **發展型教練**（Developing /Behavior change coaching）：這是心理專業背景教練專注的領域，可以是激勵，個人行為改變，學習型組織⋯等。

　　這三個領域並不是單獨存在或是有明顯分野，而是教練個人的專業和教練主題的需求所作的大分類，每一個教練在每一個領域基本上都會有涉獵，差別只在專精的程度不同。好比面對一個高階主管做教練，也必須對他個人的生命意義和價值觀

有個理解（這是生命教練），好幫助了解他的話語和意向。

教練的最佳境界是協助學員達成這三個目標：

- **自我覺察（Self-Awareness）**；自我覺察自己的不足，看見未來的希望（願景），覺察自己需要的改變，學習如何改變，並感受到改變或對自己的意義。
- **自我管理（Self-Regulation）**：決心改變，啟動改變計劃，願意堅持的將改變成為新的習慣，成為自己品格的一部分。
- **自我實現（Self-Authoring）**：堅持由自己的優勢出發，建立自己的領導風格，成就自己的未來，我的生命我負責。

"誰是你合適的教練？"

如何找到你個人最合適的教練？根據 Coachsource.LLC 在 2015 年初針對企業的調查，這五個元素最關鍵（總分 5 分）：

- 教練和學員要對味能合拍要能談得來能信任能贏得尊敬（Rapport）：4.75
- 教練個人的教練專業經驗：4.5

- 針對高管學員的課題，教練有特殊的能力和經驗：4.25
- 教練本身具有企業高層的經營經驗：4.2
- 和企業文化相符相容：3.9

　　這是一個非常有趣的調查，教練不是名師就可以了，教練的人格特質能和高管學員有好的互動，能快速建立信任，這是最關鍵的能力，其次才是教練的專業，以及對學員的特殊課題有價值，當然教練的思路架構特別是價值觀還是必須能建立在組織文化的相符和相容的基礎上，而不是天馬行空。

　　我們再繼續來看看還有哪些元素是我們所關心的，（底下這些數字是相對性的，沒有絕對性的意義）：

- 值得信賴的人介紹：3.8
- 在地化（文化，地區）：3.5
- 成本：3.5
- 行業的經驗：3.2
- 學位／認證：3.0
- 測評工具認證：2.75

　　這是一份非常有參考價值的調查，這也涉及每一個教練的

自我定位，找到自己的優勢和熱情，才能盡情的揮灑。

◆ 對「在地文化的理解」是關鍵

在 1990 年代中期我任職於中國，有一次我們要舉辦一個大型活動，到美國總部訂製了一個設計非常別緻的帽子，希望那天參與的人能人人頭上都能戴一頂。節目開始前一天同仁們開箱時都傻眼了，不是帽子設計不對，而是都是「綠色」的帽子，負責的同仁當機立斷說「這個不能用」決定退回，在旁邊的老外一頭霧水，直問：「這帽子有什麼不對嗎？」

教練對在地文化的認識和理解會越來越重要，教練不只要精於教練式的對話技巧，更重要的是能聽懂對方想說但是說不出口的話，或是無法直接表達出來的感受或是情緒，或是理解當地文化的一些潛規則，綠色帽子是一例；這是多元文化的差異，基於這個基礎再給予激勵或是挑戰，它對於教練的有效性會有高度的加成效果。

文化不同，表達的方式也會大大的不同，舉個淺顯的例子，一個小女孩長得很可愛，朋友們會讚美的說，「你孩子好可愛哦」，這時在旁邊的媽媽會自然的說「沒有哪」，心中則是暗暗的歡喜接受，這是華人謙虛的文化，可是在歐美則會說「謝謝」，大方自然的接納了，表達方法不同，心中接納的態度則

是相同，這需要對文化差異有所認知；又比如在中國做生意談判，對方常常會以「我們再研究研究」做會議的結論，一些洋人就認為對方有在認真考慮，但是實際上就是「靜候通知或是沒有機會」的客套話。在教練對話裡，對於在地文化陌生的教練常常會有類似這樣誤判的情境而大大影響對話的效力。

我再引用一段網絡上的故事，它更能清楚的表達文化深層的底蘊，需要有基本的文化涵養才能解讀，但是對於本地的人，這就是生活：

〈漢語測試〉

一個老外來華留學，主攻漢語，臨畢業，參加中文晉級考試，題量超少，暗喜，再仔細一看，昏頭了！題目如下：

請寫出下面兩句話的區別在哪裡？

1、冬天：能穿多少穿多少；夏天：能穿多少穿多少。

2、熟女產生的原因有兩個，一是誰都看不上，二是誰都看不上。

3、女孩給男朋友打電話：如果你到了，我還沒到，你就等著吧；如果我到了，你還沒到，你就等著吧。

4、單身的原因：原來是喜歡一個人，現在是喜歡一個人。

老外淚流滿面，交白卷，回國了。

你看懂了嗎？

一個最合適的教練，不在於他有多少的認證，多好的名望，而是在於高管的教練主題和專業，高管所面對的經營挑戰，挫折和機會，教練如何能開啟具有建設性和挑戰性的對話幫助他達成目標？比如說「80/90後」世代的領導，投資環境的動盪，國際化，企業轉型，人才發展，多元文化的團隊領導…等，面對在台灣，香港，中國或是海外華商的高層主管，他們心裡所隱藏的心思意念，文化背景，社會環境，經營理念，策略等也都不同，如何深入在地文化和情境，對教練的有效性是絕對的關鍵。

◆ 「行業的經驗」是提出高衝擊性問題的基礎

我曾經和一個教練學員在討論如何發展內部人才，「工作論調」是他的選項之一，在對話裡，我給他的挑戰是「你要達成的目的是什麼呢？這和你現階段所需求人才的能力成長或是精進目標有直接關聯嗎？這在現階段是一個最佳的投資嗎？你會如何建立一個機制來創造並評估它的價值，而不只是一個蕭規曹隨的 SOP 呢？」

他告訴我主要的目的是「歷練」下一階段的經營人才，基於這場對話，這個組織的領導人再一次嚴肅的檢討組織現階段最

合適的中高階人才發展機制，讓它產生高度的價值，而不再只是一個人事流程，只讓這些人才花時間在「經歷」而沒有「磨練和成長」，這需要有意識的覺察和設計才能產生最佳的價值。

◆ 高管教練的三個思路流程

　　教練是「喚醒生命，感動生命，成就生命」，這對於高管教練更為貼切，高管教練的重要使命是幫助學員做「Self-Awareness 自我覺察」，「Self-Regulation 自我調整改變」，「Self-Authoring 自我實現」，這就是建立自我領導力風格的重要精神；教練也是「一盞燈，一席話，一段路」，在面對挫折和挑戰時，教練能成為他的一盞燈，透過一席話，陪伴走一段路，勇敢的走過風暴，遇見藍天。

　　我曾經幫助過一個高層主管改善他的「情商管理（Anger management）」，他很不經意的就會生氣，口頭禪就是「不要讓我生氣」，他對自己的員工也是恩威並濟，最後他的員工只留下一批順民，不再服務客人而只是服務老闆的交辦事項了，員工不再主動提案而是被動的接受任務了；有一天他問自己為什麼自己做得這麼累但是績效還是平平？他認知到過去賴以成功的那一套已經不再管用了，他必須改變，這需要極大的勇氣，我協助他優雅的轉身，也就是經過這三個流程，他再度贏得員

工的信任。

◆ 你個人如何遇見你的外部教練？

這是一個緣分和機遇，但是還是有可以操作的一面，如何遇見你個人合適的教練？ 作為一個教練，你又是如何遇見一個對的學員（教練服務對象），在對的時刻？我們先由學員個人的角度來看，如何遇見他（教練）？

- 聽過他的名：看過他的書或是專欄文章，心裡有感覺和感動，這是建立心理鏈接的開始。

- 聽過他的課：這是最普遍的一個觸動點，一場講演，一個錄影講演，參加教練社群定期的活動或是在 MBA ／ EMBA 的一堂課，深深的吸引你，內心讚賞，這就是我要學習的對象。

- 在社群連結：臉書（Facebook） 或是 Linkedin，能理解他的看法或是追蹤他的動態。

- 看過他的書：許多教練出版他自己教練相關的書籍，或者自己翻譯外來的教練經典書籍，這是他們的教練理論架構，負有組織發展任務的你，認同他們的做法嗎？他們這套對組織現階段的需求是否合適？

- 推薦：這只是一個再度印證的過程，你已經知道他了，

也在社群網站追蹤他了，定期讀他的文章或是專欄，如果有機會在聽到一個朋友的推薦，這是「啟動點」，會強化你的信心，開始採取行動。

◆ 組織如何遇見合適的教練？

教練已經開始普及，在有 HR/OD（Organizational Development，組織發展）的組織裡，我所知道的許多案例，都會有至少一位專員受過教練的基本培訓甚至於取得 ICF 教練認證，如此他們才能幫助企業建立一個以「個人發展學習，教練」為核心的人才發展系統，而不至於停留在傳統的培訓階段，也不會和培訓顧問或是導師的職能混擾而事倍功半；簡單的例子有，許多企業建立內部導師制度，但是有效成功的不多；教練也是如此。

我認識一家非常重視組織人才發展和傳承的企業，但是不談接班；CEO 告訴我，人才發展和傳承是專注在能力的成長上，對個人和組織都是正向的，可以談合作分工，也可以坦然做團隊分享和學習；但是談接班就不同，它針對職位和權力，而不是才能的發展，會影響組織內平時的權力動態，會有自我保護，比較或是競爭而不願意分享合作，這對組織內部的氛圍會受影響；一個「人才發展口袋」有深度的企業，傳承和接班

不會是問題,而且有多個選擇,對員工是機會也是舞台;所以
教練是在組織發展(OD)裡一個重要的元素,當然還有內部導
師制度,這個專案主管也是一個 ICF 認證的教練,她只認定三
個教練學校的學員,因為這個學校的教練價值和精神與她企業
的文化和人才發展需求最為接近,她在全球各地區篩選合格的
教練,成為一個教練人才庫,當在地的主管有教練的需求時,
必須在這個資料庫裡來找,再進一步的面談,那是我們在下一
步要探討的流程。

　　這些負責組織人才發展,對教練專業有認識的 OD 們如何
找到合適的教練呢?除了定期在這幾個教練學校的名單裡搜尋
外,她們有幾個重要的管道:

- 目前企業的合作夥伴的教練資源:可能是透過培訓的機
  構,可能是工作坊的講師,開始來物色合適的教練。
- 教練社群:教練社群已經非常的活躍,可能是 ICF 的分
  會,或是教練學校的社群,都是非常好的學習園地。
- 書籍作者:這是教練們最重要的手段,容易展示自己的
  優勢,可以很容易的呈現自己的理念和架構,但是也最
  容易曝露出自己的弱點。
- 專欄作者:在管理型雜誌都會有教練專欄來介紹教練新
  知。

- Linkedin：這是一個專業的鏈接平台，它有能力將你的專業和其他相對應的人做鏈接，你和對方的鏈接就在你的一指之間。

- 介紹：不是商業介紹，而是在無意間的分享，沒有商業利益的企圖心，是專業的口碑傳播，有些人甚至是人格保證的「高度推薦」；這好似新進員工的推薦，已經經歷過第一個門檻，往往你會信任，在需要的時候採取行動，這是關鍵的確認動作。

- HRD/ OD（組織發展部門）主管會和這些可能符合資格的教練們面談，更深理解教練個別的能量，教練和組織文化的相容性，組織對教練的期待以及合作條款的溝通。

" 教練們又該如何預備自己（Coach's readiness）"

　　一個使用外部教練的組織裡，它們的 HRD（人才發展部門）會有一個半公開的組織內的認證教練資料庫，這是 HRD 的責任和預先要處理的功課，HRD 的任務是先鏈接一批可能符合企業未來需求的教練們，他們可能在國內或是國外，並開始做篩選，每家企業的關注不同，如果你的組織是一家國際型

企業，你可能還要考慮到各地區的需要，這是一些 HRD 要面試教練的關鍵元素：

- 教練個人的基本檔案（Coach profile），
- 教練個人和組織文化的相容性，
- 教練個人的產業和專業背景和經歷，
- 教練個人的教練相關的認證和專業訓練背景，
- 教練專注的定位，教練主題和專業，和組織內學員的可能需求間的平衡，
- 教練個人的文化背景，
- 教練的母語和使用溝通的語言，
- 教練的專注服務地區，
- 年紀，性別，特別是能量指標，
- 教練個人的教練模型和需求，
- 教練個人的指標性案例，
- HRD 要有能力來區分教練和顧問，諮商師和導師間的不同。
- 其他

組織內的教練需求是多元的，針對中高階主管的不同需求，針對不同個人風格的需求，針對可能不同的教練主題，比

如說高階主管一對一教練，HiPo 高潛力員工個人教練，團隊教練，創新教練，傳承接班教練…等等。

我還認識一位「專案管理」教練，教練的背景也有多種，有的來自人資背景，有的是心理諮商或是心理學專長，有的來自高層主管背景，每一個教練都有他個人的「優勢領域」，這也是他們最得心應手的服務領域，才能夠發揮教練最高的價值，在對話中有同理心，能夠也敢於問「最高衝擊性問題」（High impact questions），挑戰學員高衝擊性的領域，它可能是盲點或是自己在逃避的痛點，一個人的潛能是在安全和高挑戰的環境下才能完全被引爆，這是高階主管教練最重要的價值；HRD 專家們需要有能力針對組織發展的需要建立這些教練資料庫，不能等待到需要用了才開始外找，在匆忙時可能會找到原來的培訓企業推薦，這最容易；但是它的風險是不一定是最合適的人選或是找到「借牌的教練」；教練的成效決定於 HRD 本身對教練專業的理解和鏈接，以及平常所下的功夫。

◆ 如何介紹這些教練到企業來呢？

經過第一輪的篩選後，HRD 可以定期安排這些教練們做些介紹性的短講或是教練，邀請未來可能被教練的主管參與，讓他們之間有互動和對話，建立淺層的信任關係，也讓有興趣的

人可以接觸或是體驗什麼是教練？教練的價值是什麼？什麼時候需要教練？

　　有些 HRD 會在組織裡開闢一些場域，比如說午餐或是下午茶時間，來個「與 D 教練有約」的短聚或是喝杯咖啡，不需要期待許多人參加，但是開創機會，讓這些有興趣的人接觸教練，和教練面對面對話，開始一個正向的漣漪，這是組織內教練活動的起源，對於合適的教練，OD 建立一套「建議教練名單」，如果有需求，就直接請主管們到這名單裡來搜尋，而不必臨時再到外部找。當組織有需要教練服務時，當事人（被教練的人）和他的直屬主管協同 OD 主管針對教練的主題，約談幾個可能的教練人選，由當事人做最後的決定；我自己就是靠著教練書籍的寫作出版以及被邀請到企業做公開講演或是工作坊，有機會和許多的企業 HRD 和高階主管認識，也成為他們高階主管的私人教練，在下一章我們會談論如何做細部的操作。

　　如果組織內有個高層主管自己親自經歷教練的流程，而且他或是她自己也經歷了重要的改變，這將是最鮮明的旗幟，好似谷歌的前執行長斯密斯先生對教練的公開證詞，將會加速教練文化在組織內的增長。

◆ 教練的認證重要嗎？ 我需要哪種教練

　　Coachsource.LLC 的一份最新調查資料顯示，主管們所

最關心教練的背景依序是：

- 談得來，能信任，
- 教練的專業技能，
- 教練對於高管教練主題的經驗，
- 教練個人的經營經驗，
- 對組織文化的理解，
- 他人推薦，
- 教練的專業領域，
- 成本，
- 教練的相關產業經驗，
- 教練的專業學位，
- 教練的認證，
- 教練的測評認證

　　這份報告將「教練認證」排到十名以外，我個人的看法是這是一份在歐美的市場調查，企業教練在歐美已經超過 20 年的歷史，教練領域已經非常成熟，不管是教練學校，教練認證機構還是接受教練服務的企業組織和個人，對於「企業教練」都有一定的認知。

　　我的觀察是：歐美資深教練們是整個行業的啟蒙者，他們

來自各個專業領域，許多來自組織行為或是心理專業的前輩，有許多的理論或是規範是他們一步一腳印打造出來的，這是第一代的資深教練，他們如今還是活躍在教練舞台，ICF（國際教練聯盟）是後來才建立的，這個組織建立行業規範，參加的教練人數最多，涵蓋的地域也最廣，這是最能被接納的認證系統；反觀我們在亞洲華人的教練行業還在啟蒙階段，還沒有超過 20 年，我發覺有許多的人在沒有經過正規培訓而自己掛上教練的名牌而開始執業，他們有可能是顧問，講師，引導師或是心理諮商師甚至是企業主管；教練現階段在兩岸三地還是處於戰國時期，沒有嚴格的行業規範，人人都可以掛上「教練」的抬頭，許多的講師和顧問紛紛加入教練的行業，許多人還是繼續使用他們原有的「教導」專業或是使用「體育教練」的模式指揮大軍，不是說這個方法有什麼不好，我所想說明的是，這不符合「企業教練」的國際教練專業規範。

雖然在歐美使用「企業教練」比較成熟的國家，ICF 的認證已經變得不是那麼的關鍵，但是在兩岸三地，在社會還沒有正式清晰定位什麼是「個人或是組織教練」以前，我還是鼓勵要引進教練的組織或是個人，先找有執照的教練來面談，教練能力可能還是會有不同，但是教練的基本能力和行業規範還是可以持守，這是教練品質的第一步。

我們不會找一個沒有執照的醫生看病，沒有執照的律師為你辯護，沒有執照的會計師幫你報稅或是財務規劃，沒有駕照的人開車，他們都需要特殊的專業，教練也是一門特殊的專業，他們要靠特殊的培育養成，才有能力達成組織或是個人期待的果效。

◆ **內部教練合適做高管教練嗎？**

這是一個常被問到的問題，內部教練可以服務最高到那個層級？有認證的內部教練可以服務高層主管嗎？我不能直接回答這個問題，只能說不同組織有不同的可能，但是哪些是考量的關鍵因素呢？讓我們回到組織的現實面，組織內部有幾個必須面對的現實：

- 組織內的「權力結構」（Power dynamics）的潛規則和敏感性，

- 內部文化和思考模式的「同質性」，

- 在某些議題上，甚至會有可能參與的「共錯結構」，也可能會有事前的批判和定位，或是「合理化」的解讀，視而不見而不再給予挑戰。

- 關鍵訊息的「保密性」，特別是個人隱私或是在組織裡不能接納的思路和價值觀，你信得過這個內部教練

嗎？

- 教練的重要價值之一是「不同觀點」的激盪，「真誠對話和挑戰」，內部教練在組織權力架構下可能會力有所不逮。

再回來看高管教練的使命，他不只在對話開竅或是發展潛能，他有更高的使命，要幫助組織提升績效和人才發展，需要透過更高的技巧才能達成這個使命，要幫助高管移除（Remove）障礙，重建（Restore）內在的能力，這些是我們剛才所強調的重點：

- 建立個人領導力風格。
- 願意面對多元的可能衝突和合一。
- 敢於給自己和團隊成員挑戰

在組織內有許多的高層主管也做其他主管的教練，如果我們將組織內部的一些動態元素放進來，「權力結構，同質性，合理化，保密性」，學員願意面對另一個高層主管將他自己的感受和想法一一陳述嗎？這是組織文化極大的挑戰。

比如，在團隊行動學習（Action learning）的流程裡安排一個「Pizza man」用外人的角度來問一些基本的問題就是一

例，在教練行業裡，我們和學員的關係也盡量保持一個合適的距離，而不能太熟悉，否則會有許多的個人預先的成見甚至貼標籤；我們看到在組織內部成功的案例，不是做對方高管的教練，而是使用教練技能成為對方的導師或是陪伴者，建立一個安全的對話環境一起來面對一個特殊議題。

" 如何啟動高管教練專案？ "

我們談完了高管教練的職責和特色，我們來開始啟動一個高管教練的專案，它有哪些關鍵元素呢？

在組織內部，我相信有許多不同的人才培育機制，不管是一般員工或是高層主管，只要有一顆學習的心志，處處都是學習和成長的機會；教練的價值不在日常生活裡的學習，它在提煉智慧和引爆潛能，它是一個「極致體驗和成長」，它不是只在培訓或是老師傅的「灌能」階段，它是「開竅」之上的「再提煉」，它的價值在於「合力共創」，超越組織裡培訓或是導師的價值，下面先列出一些關鍵性指標，我們在下一章還會更深入的探討：

- 高管學員自己有勇氣展示和承認自己的脆弱，願意謙卑的尋求外來的協助：不管是對人或是對事，高管自己

的智慧和能力無法勝任，他自己知道自己需要改變，也
願意承受改變時所產生的痛，可能會沒有面子的顧慮。

- **急迫，關鍵**：非現在做不可的急迫感，而且這個主題必
  須是關鍵，能影響大局的課題，能改善績效和團隊領導
  力的課題；這位高管自己願意承擔責任，主動的定義和
  釐清這個關鍵課題，並且願意做改變。

- **找到合適的教練**：教練不只是一場對話，而是協助學員
  改變，他的心思意念和行為，在地化的教練越來越是重
  要，在地的教練能讀人，理解學員的語言和語調，更重
  要的是身體語言，能解讀學員沒有說出來的話，這是功
  力，更是修養。

- **確定和釐清教練的主題和流程**：我們使用 OMG
  （Objectives, Means, Gain 目標，實施的方法，可以
  期待什麼結果）？這是一個高管教練必須精準做到的
  關鍵里程碑，在下幾章裡我會詳細的展示我們是如何
  做到的？這在高管教練的流程裡也是花最多時間的部
  分，不是一次定位就一桿打到底，而是要隨時理解組織
  的動態，做實時的修正；我經歷過的一個案例是在接案
  初期，他是高階主管的候選人之一，在專案進行中，他
  被提升為新任的事業部門總經理，我們就半途修正他

的教練主題，重新建立一個教練架構。

- **優先次序**：常常面對的是「百廢待舉」，老闆們面對一個即將被提升的愛將期待是如此的深，關愛的眼神是如此的高；常常列出許許多多的「待改變事項」，作為高管教練，我會堅持一次一個，哪個優先呢？不是費用考量，而是專注才會有效，特別在習慣行為思路的改變上，更需要專注。

- **陪伴者**：高管教練常會要求高管自己先做改變，先體驗再要求他人，這是所謂「Role Model」的典範，但是也不只是口頭上說說就算了，高管自己要能做出來，作他人的表率，這是「優雅轉身」的流程，需要有一批的陪伴者，或是他自己信得過的人，任何的建言都是善意而不會傷害自己的人。這個主題還有更精準的設計，我們下一部分再來談。

- **預算**：這是最現實的，免費的東西我們不太會珍惜，也無法要求或是沒有壓力張力，最後就不了了之了，高管自己要知道這個專案，組織為你附上多大的代價，這是張力的來源。

"高管教練的旅程：五個流程"

　　高管教練涵蓋兩個層次，一個是「自我領導」，另一個是「組織領導」，必須先由自我領導出發，才能達成組織領導的效益；這是我開發出來的教練流程：

- Learn to change：「覺察」並「學習」改變，先有自我的覺察，再來一方面學習改變的知識，一方面學習自我覺察，找到自己改變的動機和動力，跨過恐懼之河，勇敢向前行。

- Be the change：一切的改變都是由自我改變開始，自己先體驗，做團隊的楷模，再來要求團隊成員做改變。

- Design to change：在要求團隊成員做改變之前，一定要查驗在組織的設計裡是否有一些法規激勵機制或是潛規則可能阻擋這改變的？更重要的是要設計一套能讓這個改變發生的有利環境，團隊成員才會參與融入。

- Lead to change：自己要身先士卒，帶頭打第一仗開第一槍，之後才開始放手授權，成為他們的教練，這也是建立高管領導力的關鍵時刻「説到做到（Walk the talk）」的文化。

- Sustain the change：如何讓這個改變持續？這有太多的因素，包含文化，領導力，激勵機制…等，在改變的

過程裡，要能學習並且建立這看不見的水，成為一種新的生活方式。

◆ 高管教練的後台設計

也許你是一位高管，正在思考如何尋求外來教練的協助；也許你是人資的組織發展專業人員，你也在設計一套的高管教練專案；也許你是教練，開始邁入「高管教練」的領域，我來分享一些我自己的做法，供大家參考，當然你需要開展出來一套更合適自己的的做法，最重要的課題是：

- 教練合約的目的是什麼，
- 教練的模型是什麼？
- 教練合約的時間有多長，
- 面對面還是透過電話，
- 成本，
- 其他

◆ 教練模型的展示和討論

一個教練專案成功的重要關鍵能力之一是「針對高管學員的課題，教練是否有能力和經驗」，如何面對一個未熟知人的

心理需求，教練如何找到自己獨特的那瓶催化劑和工具箱？面對不同的需求，教練不能一招打天下，而是針對不同個案，需要研擬出一套針對個案的可能教練模型，這會有風險，但是也讓有教練經驗的人資主管能感受到這是否可行的本事。

　　針對這個課題，教練是否有能力來提供他的價值。在面對一個新的教練客戶，人資主管一定會問「你如何來協助這位學員所面對的情境呢？你會怎麼做呢？」

◆ 教練報價和合約

　　當我們做組織高層教練時，基本上組織都會有自己的人資部門來負責，組織都有自己的合約，有一家企業送來的合約是供應商合約，按照企業自己的供應商管理規則來處理，包含付款條件，將教練歸類為一般「材料供應商」在處理，裡頭的條款也文不對題，我直接回覆給負責的主管，他事後對我說抱歉，因為是「跑流程」出來的結果，他們以前也沒有經歷過。教練合約有幾個課題：

- 什麼時候提出報價？
- 報價的內容是什麼？
- 合約的內容又是什麼？
- 教練合約的管理。

　　在華人教練圈子有許多的資深教練，他們會有自己的做法，我只是分享我自己的做法，也寫出來和前輩們請益。

◆ 什麼時候提出報價和簽訂合約？

　　高管教練不是按時間計酬，而是按照一個「可教練，有能力承擔」的專案，它會經過幾個歷程：

- 教練提出自己的履歷，作為對方 HR 以及當事人的參考；決定是否進行下一步的面談。

- 教練和人資部門專員的面談，這個專案是否在你的專業範圍裡，對方也同時評估你是否合適出任這個專案的教練。

- 教練和當事人面談：這時人資或是直屬主管會參與這場的對話，由教練的角度來理解對方教練的主題，動機，動力和決心，是否是可教練的對象？對方的當事人也在評估和你對話時是否「合拍」？是否你有能力幫助他？ 他是否尊敬你？是否可以談得來？是否願意信任你？在這場的對話裡，就是展現教練力的舞台：釐清，傾聽，對話，挑戰⋯等。

- 教練提出你的教練方案和報價作為組織決策的參考；在

報價單裡，我會附上一份 ICF 的教練倫理規範和合約內可能使用的時間，這非常的有幫助，在 HR 的心中還是有一把尺來計算「時間成本」，這只是一個參考；一個負責任的教練不在時間的管理，而是如何達成教練合約所賦予的使命。

- 當這個組織決定接受你作為這個專案的教練時，基本上他們會有自己的合約，但是在內容上還是以你的報價單作為規範的。

◆ 教練的合約內容

- 教練主題

- 教練目標（評估的指標）：如何來檢驗是否有進步？哪些是指標？

- 合約時間：一般是六個月，不超過一年，時間太短沒有功效，太長又顯得張力不足，依據人類行為的改變經驗，要改變一個舊習慣（行為）六個月可以達成；但是要重建一個新習慣（行為）而且能穩定下來，至少需要一年的時間；教練在我們華人社會還是非常的新鮮，一次簽一年的合約對組織的風險較高，每月一次的教練對話還是有點鬆散，所以一般的實施方式是「合約六個

月一簽」，如果成效具體，那再延長六個月，完成新行為的建立，這對「建立個人的領導風格」主題就非常的關鍵，這也是 Coachsource LLC 調查報告裡所強調的一環。

- 教練方式：面對面，電話還是混合？ 多久談一次？談多長的時間？企業當然希望是能多面對面最好，但是現實的環境可能無法如願，有時學員出差在外，你不希望停止這個教練對話，有時是教練個人的時間安排，我個人的報價是答應 50% 的面對面，其他留些空間給雙方；雖然承諾是隔週有一次的會談，但是基於「使命必達」的心志，我會在關鍵時刻做較緊密的案例討論，讓學員能在「做中學」，經歷改變。

- 費用和付款方式 ：這個部分，每一個組織和教練都不太相同，但是我絕不接受一般物流採購的付款條件，這是確定的，教練是專業的服務更需要被尊重。

- 教練模型和流程：每一個案例的教練模型都不太一樣，但是需要有一套的理論模型來支撐你的教練流程，如此才能確保它的有效性；針對不同的教練主題個案，我會基於自己的所學和研究開發一套有針對性的教練模型和流程。

- 教練倫理（ICF 倫理規範）：這是一個重要的共識，內容有保密協定和對效果雙方的責任和承諾；有關「教練倫理」的細節你可以在 ICF 網站取得更詳細的資訊。（The ICF code of ethics）

◆ 教練合約的管理

　　教練不是體力的服務，而是經由教練智慧和經驗的積累來協助學員改變，達成他所要達成的目標，每一個教練都有自己的一套，特別是資深教練們；做一個專案主管，你如何來適度的管理這個專案呢？除了最後的績效之外，還有什麼可以定期檢驗教練的品質和進展呢？教練也不是以小時計價的服務，除了外在的口碑之外，負責教練專案的主管如何來評估教練的報價和實施品質呢？下頁是我常用的一個參考計劃書，給予主管一個實施的架構，他也能適時的介入，了解教練的進展。

" 「無效免費」的承諾 "

　　這是非常有效來檢驗自己和教練對象的一把尺，當你做完第一個回合 360 度的訪談，這也是最沉重的部分，你要面對當事人和他的直屬主管，談論你所訪談的報告，當對方不願認同

階段		說明	時數	備註
第一階段		第一個月		
	1	定義教練主題，簽訂合約	2	學員，人資
	2	定義所需的測評和績效評估	2	學員，人資
	3	討論雙方對產出的期待	2	學員，主管，人資
	4	自我覺察承諾和選擇支持者	2	學員
	5	簡介教練流程，角色和責任	2	學員，支持者
	6	支持者一對一訪談	N	支持者
	7	其他需要的測評	N	學員
	8	訪談和測評報告，修正教練主題	2	學員，主管
	9	一對一教練對話	N	學員
第二階段		第二、三個月		
	10	一對一教練對話	N	學員
	11	參加學員會議：觀察，反饋	3	教練
	12	每一個月月底支持者反饋報告	N	學員，支持者
	13	季度教練訪談	N	支持者
	14	訪談報告反饋給學員，新行動	2	學員
第三階段		第四至六個月		
	15	一對一教練對話	N	學員
	16	每一個月月底支持者反饋報告	N	學員，支持者
	17	結束前支持者訪談	N	教練，支持者
	18	總結報告，新行動	2	學員，主管，人資

教練合約架構

- 教練主題
- 教練目標（評估的指標）
- 合約時間
- 教練方式
- 費用和付款方式
- 教練模型和流程
- 教練倫理（保密，結果）

或是不願意承諾改變時，這是最好的退場時機。

我的立場是不要爭取那前段微薄的報酬，而堅持「無效不收費」，留下漂亮的身影，等待以後的緣份，這是教練的專業更是挑戰；當然，在其他教練過程中的關鍵時刻，也可以採取這個動作，以不要傷害學員為考量，這需要智慧。

3章

找到一個合適的教練

在一個尊敬的人身上，我們會得著激勵和能量，
在一個不被尊敬的人身上，我們只有藐視和批判

EXECUTIVE COACHING
LEADERSHIP ACCELERATORS
FOR HIGH LEVEL MANAGNERS

和蔡協理有過幾次的深談後，她理解教練的價值和如何運作，在最後一次的對話裡，她問了一個好問題：「如何找到一個合適的教練？」這一章，我們的談話就由此開始，教練專案在組織內是如何運作的？

" 如何找到一個最合適的教練？ "

如何在大海裡撈針？ 這好似在找對象，不能只是靠緣分，這可以有些團隊合作的過程可以加速達到目標。

我們再上一章有提到 HRD 會幫助組織鏈接並過濾合適的教練，並建立一個教練人才庫，經過嚴格的篩選後，這些被這家組織認證的教練們理解組織的文化氛圍和人才發展目標，他們也將自己的個人檔案放到 HRD 主管的資料庫，這些資料庫是對有資格使用教練服務的員工和主管公開的，HRD 也會針對教練做內部分類，當內部員工有教練的需求時，他就不需要和多位教練面談，而只是專注在一到三個最接近的教練人選做面談。

在面談前，如何建立一個「第一類接觸」的場域是 HRD 主管的責任，HRD 會定期的邀請這些教練們在企業內部做些針對他自己專業領域的主題做短講，可能在中午的午餐時間，

主題會鎖定在組織裡常發生的教練主題，舉個例子說「如何建立你個人的領導風格？」「如何開展教練式領導力？」「如何讓改變發生？」「如何重建信任？」我們也理解在兩個小時內無法完整陳述一個理念或是主題，這不是重點，這個「午間茶敘」的目的是：

- 建立未來的教練學員和教練們的第一類接觸，理解教練的個人風格和能量狀態。

- 教練在兩個小時的短講裡，是否有一點觸摸到你的心？讓你感動開竅洞察或是感動，讓你感覺這個教練是個可以合作共創幫助你提升的人，你心裡在直覺裡會產生尊敬的意念。教練就是「喚醒生命，感動生命，成就生命」的人，沒有這個感覺就是不來電不對味，不是你要找的教練。

- 在教練的個人檔案裡，是否有些使用自己教練模型的經歷？沒有親身經歷過的人談的是學來的知識，自己沒有經歷過驗證，無法用生命的感動來回應你；我常常鼓勵教練們必須要有實地應用的經驗，不管是在企業裡或是 NPO/NGO 組織，使用你的教練模式實際參與運作，來精煉自己的能力，有經歷過這類歷練的人都會有驚人體驗。2012 到 2013 年我曾任 ICF 國際教練聯

盟台灣區理事長，一個協會的理事和我合作後説「不虛此行」，這也是我個人在「領導力教練」能力成長最快速的兩年，這份職務是責任、奉獻，更是自己學習成長的舞台，那段期間我也藉著自己奉獻參與的過程而磨利了自己的能力；畢竟，教練們不應將客戶當白老鼠來實驗新理論，客戶有權利理解你的教練模式是成熟有效的。

- 「虛己，樹人」是教練的使命，在這兩小時裡，這個教練是專注在「自己」的專業還是你的需要？有讓聽眾參與對話嗎？這也是分辨教練和講師的關鍵時刻，好多好的講師喜歡稱自己是教練，一個評估標準是：「在一個一小時的對話裡，是老師説的多，還是學員説的多？」如果老師説話超過 25%，那他就是講師無疑，在這個短講的場域裡，我們可以提高到 50%，他是你要的教練嗎？他懂得傾聽嗎？他能分辨嗎？他敢於點亮盲點給予挑戰嗎？

" 如何找到最合適的高管教練？ "

高階主管的使命是幫助組織承擔 R & D 的工作，R 是

Running operation for performance （組織運作，達成績效），D 是 Developing people and organization（人才和組織的發展），所以高管教練的職責就是如何幫助高層主管們達成組織賦予他們的使命；教練的主題因人因時而異，但是都離不開這兩個主題：Coaching for performance 及 Coaching for development（績效教練、個人或是組織發展教練），如何達成這個使命呢？這就要連結到前頭 Coachsource.LLC 的調查結論了。

高管們希望他們的教練有過經營組織的經驗，層級夠高到可以理解他們的困境和機會，當然還是要有「信任和尊重」和「合拍談得來」的感覺，這是對人和情境的同理，再來開展教練的對話。高管教練的另三個關鍵職責是一般的生命教練或是職涯教練較少觸及的：

- 建立個人領導力風格。
- 願意面對多元和衝突
- 敢於給自己和團隊成員挑戰

每一個成功的領導人都有 FAITH（Filtered, Agenda, Ignored, Too details, Hot spots; 扭曲，別有目的，忽略，見樹不見林，熱點吸引）的盲點；高管教練的重要職責就是「給

他不同的角度和觀點，照明他心中的盲點，協助他們建立自己獨特的領導風格，願意面對多元和衝突，敢於給自己和團隊成員挑戰」。

在評估一個教練是否合適做這個專案，這是三個關鍵的問題可以在第一次和教練面談時討論（A-B-C）：

- A（After the coaching, what are the expected values?）：做完每一次的教練會談後，學員可以期待什麼變化？你有什麼反思和學習的機制呢？
- B（Building certainty ）：你的教練模型，教練計劃和如何建立評估指標呢？
- C（Choice and Co-create）：你的教練過程中，有多少的元素是和學員合作共創的？

◆ 學員和教練面對面

HRD 有一些口袋名單，他們可能都合適於你，你自己也要做足功課，哪些教練對於你有感動？他的講演，專欄或是出版的書籍，你的名單和 HRD 的口袋名單再做一次的比較，那就是你可以花時間和他們對話的人選了，可能是一個兩個或是三個，一個可能太少，三個有可能讓你眼目昏花，如果夠專業兩個可能是最好的選擇。那要談什麼呢？目的又是什麼呢？我

有一比，就好似相親，男方女方和雙方的父母可能都有不同的角度和期待，讓我們接著拆解這個「黑箱」的秘密。

◆ 哪些人參與這個面試？

教練和學員的組合不是靠 HRD 配對或是指派，這樣做失敗率很高，會浪費時間和金錢，教練和學員間的「合拍」是比「專業」來得重要，所以這個面試流程是在找「合適和合拍」教練，這無法靠其他手段達成，只能用多個角度的觀察和參與。

我們不建議只是由學員自己來單獨面試，而是有教練專業的 HRD 參與，如果這個學員還有上司，最好也邀請他來參與，再下來我們來談如何分工，每一個人扮演什麼角色？

◆ 學員關心什麼？

- 他的個人風格（談話，態度，專業）我欣賞嗎？我尊敬他嗎？

- 我有把握和教練建立信任關係嗎？我喜歡和他對話嗎？

- 他能理解我的主題嗎？他能感受到我心中的急迫感嗎？

雙軸心法則 [1]

- 針對我的課題，他有能力來幫助我嗎？

- 他關心我的需要嗎？他的態度能感動我，願意開啟信任嗎？

- 我信任他能為我保守秘密嗎？我願意將我的心底感受和我個人的需要告訴他嗎？

- 在這場對話裡，是他說話多還是他只是問話，多讓我說話而他專注在傾聽？

- 他對於我的議題有好奇心嗎？有主觀偏見嗎？他接納我的立場嗎？他關心我的成功嗎？

- 這位教練謙虛嗎？還是喜歡抬高自己的經歷，喜歡下指導棋而忘了他的角色？

- 我願意和他「合力共創（Co-create）」成為我的夥伴幫助自己更成功嗎？

- 我知道我必須自己負責來選擇教練，HRD 和我的主管只是站在專業的支持者立場來協助我。

◆ HRD / 主管們又關心什麼？

- 教練的經驗夠嗎？他可以幫上忙嗎？
- 他和我們的學員「合拍」嗎？談得來嗎？
- 這位教練的風格和價值觀和我們組織的文化相符嗎？
- 針對學員的主題，這位教練有經驗嗎？
- 這位教練有過經營企業的經驗嗎？
- 他的教練流程和教練模型可以接受嗎？有評估機制嗎？
- 教練的報價和條件合理嗎？太高或是太低都不是最好的選擇。

教練們關心什麼？

- 這個學員是主管認為他「需要」被教練，還是學員自己「想要」教練？
- 傾聽並釐清學員的教練主題，
- 這是我可以協助的專業主題嗎，還是要轉介？
- 學員的動機和熱情狀態，現在是可「教練」時刻（Coachable moment）嗎？
- 學員對教練主題的主動性，積極性和承諾度夠高嗎？
- 想要達成的目標清晰嗎？
- 組織的氛圍是否支持？

- 最高階主管的支持是否到位？
- 和學員的個性是否「合拍」，
- 我對這個學員和他的需求感動程度如何？我願意協助 幫助他成功嗎？

　　教練是個「虛己，樹人」的志業，幫助他人成功的志業， 是「一盞燈，一席話，一段路」的陪伴和支持，**這是超越師徒 關係的生命教練**，所以「合拍」和「感動」的元素在雙方心理 都是重要的成敗關鍵。

"如何決定最合適的教練？"

　　在面談結束後，HRD 會請教練提出以下的資訊：
- 教練建議書：教練的建議如何來開展這個專案？他的教 練模型和流程又是如何？
- 報價和付款條件，
- 雙方擬定合約，

　　基於這些資訊，再加上面試參與者對這教練的評分，不同 的組織有不同的比重，但是基本架構都是相似，就可以達成共 識：誰是最合適的教練？

教練的選擇評估

項目	*比重	學員	HRD	主管
合拍	3			
教練技能	2			
文化相符	2			
教練主題的經驗	3			
經營的經驗	1			
報價	2			
教練模型	3			
合約	3			
*評分: 0(完全不能接受),1(勉強),2(一般),3(評價高)				

RAA 時間：反思，轉化，行動

- 貴公司如何招聘外部教練？
- 在看完本章後，你會做什麼改變？

" 學員們預備好了嗎？（Coachee' s readiness）"

組織在開啟教練前，有些機制的建設不可少，這是一些關鍵元素：

- **覺察改變**（Learn to change）：在每一年的年度績效考核裡，是評估人才發展的最佳時機，哪些主管需要換軌或是精進？哪些人需要外來的教練協助？他們自己預備好需要改變了嗎？

- **學習改變**（Learn to change）：組織的高管們和精英團隊先認識和理解教練的運作和價值，並在組織內做好定位「教練是對那些人，在那些場域使用最有效？」，這是預備好的基本動作。

- **設計改變**（Design to change）：這是有關組織人才的發展策略，教練的關鍵定位在那裡？組織最高階領導和CEO相信教練的價值嗎？有高階主管特別是 CEO 支持嗎？是那些人在那些情境下需要使用教練？ 這是設計系統才能改變，排除可能的障礙，教練服務才能滋長，有一家國際化企業以前使用教練來培育高層主管和他們的接班人，但是在 2008 年景氣不好，老闆回鍋，他是權威領導者，個人不相信教練這一套，直到今日還是

日還是停留在舊日的大家長領導模式裡；在這家企業裡，有兩個非常敏感的詞「接班」和「教練」，是個不可說的秘密，你公司有這個夢魘嗎？ 組織裡的人才發展規劃裡，總是要思考 OMG 法則：為了達成這個目標，我們有哪些方法選擇，哪一個是最佳選擇，可以期待有什麼結果？

- **高階主管敢於向外求救，承認自己的不足和軟弱（Vulnerability）**：在這個多元動盪複雜不確定的時代，在面對全球化和世代的交替，高階主管們不能只是靠後照鏡開車了，有勇氣尋求外來的協助是成功的關鍵，主管們不再是萬能了，不能再「我說了算了」，更不能說「不要讓我生氣」的話了；身為一個高階主管，你願意放下自己的權位，有勇氣謙卑的願意展示自己的脆弱來面對團隊成員嗎？對於這個心態，專業的教練能幫助你「優雅的轉身」。

今日組織面對的最大議題不見得都是問題或是困境，而是沒有經歷過的機會，比如說海外併購或是設廠，海外的團隊領導，新市場的開展，新團隊的建設…等，不是教練有答案，而是教練能協助你找到你心中最合適的答案，相關的知識我相信在投資前大家都會做足了

功課，最後的一里路是如何釐清和做最佳的決定，並勇敢的採取行動，這是智慧。

- **預算**（Budget）：培訓的預算好做，這是標準流程，教練的預算如何來編列呢？還是運用培訓的預算嗎？如何分別出來？如何評估教練的績效呢？在面對質詢挑戰時你作為一個預算編列者會如何來回答？預算也都是有限的，如何將它使用在最有效的人和時機上？谷歌的人資長在一次的公開場合回答這個問題時，他的回答是「平常就該做壓力測試，如果這個階段預算只能支持三個人找教練，那你會怎麼做？那些人，為什麼？」每一個企業都有它的優先次序，好似防空演習，平常就需要演練，在關鍵時刻才能做出正確的決策。

- **創造急迫感**（Urgency, Significance, Criticalness；急迫，意義，關鍵，USC）：選擇教練人選的重要依據是 USC，要針對組織高衝擊效益的人和時機；如果選出的人和專案有高度的意義和關鍵性，主事者也要積極建立它的急迫感才會產生最高的效益，所謂急迫的定義是在這階段時間裡「這是優先」，沒有其他更重要的事了，所以要能全神貫注（Mindfulness）在這個主題上，包含和教練會談的時間，寫會談報告和反思的時

間，和支持者對話的時間⋯等。

- **後勤支援**：這是組織裡最基礎的人資資料庫，教練需要最更新的資料，這包含 PA（Performance Appraisal，績效評估），個人的測評（Assessment）包括可能的 MBTI,DISC, Horgan, Leadership, EQ 測評，以及學員的個人職涯路徑（IDP）⋯等等，這些能幫助教練進入狀況，「認識」這個學員；同時，我相信這個學員應該是組織的重點培育對象，這個學員未來的可能職涯路徑或是規劃可能會和他自己的「教練主題和目標」會有關聯，這些都是 HRD 平常可以預備的，這對教練的效益會有很具體的價值。

RAA 時間：反思，轉化，行動

- 如果你是 HRD（人才發展主管），你在引進教練服務之先，你會先做什麼預備動作呢？
- 組織氛圍預備好了嗎？
- 組織已準備了有認證的教練名單嗎？
- 哪些高管需要有教練的協助呢？有一個設計流程嗎？

" 使用「教練」的說明書 "

這是我給教練學員的一個雙方角色和責任的說明書：

A. 這是有關你的大事，由你做主。

- 學員（Coachee）要自己覺得有需要幫助，並有明確目的，強烈動機及「必做不可」的決心和承諾。

- 學員和教練（Coach）要能互相尊敬，信任，友善及尊重學員隱私，共同走過這段「提升」的旅程。

- 學員要知道企業教練「能做什麼？不能做什麼？」教練不在為學員解決問題，而是幫助學員建立解決問題的能力；不在「賣魚」，而在教導學員「釣魚的能力」。這是一個經由自己轉變來提升企業的經營績效和個人的生命品質。

- 不能由老闆，上級或他人交辦，必須靠學員自己來啟動；要有強烈動機和自知的能力，決心改變，具有清楚的成長目標，願意開放自己的想法及感覺，並積極尋求外來幫助；否則不會成功。

- 費用預算。

B. 教練的信心：

每一個人都有特色，每一個人都是唯一的，有創意的，可以成為 A+ 的人；對他自己的決定會全力以赴，並願意承擔責任。

C. 學員的角色及責任。

- 啟動整個項目，包含需求，資金及面試「合適」的教練。

- 將這項目當做首要的事來辦：將時間空出來，將心思也空出來，作為第一優先，不要因為忙而影響學習流程。需要簽訂個人「教練承諾書」。

- 建立「身邊互動最多」及「合作最親密」的人的支持，可能包含配偶，同事及老闆。

- 在每次會談前 24 小時提供下次談論的主題及你目前的處境及想法，讓教練有時間預備。

- 會後在 24 小時內由學員寫會議記錄，內容涵蓋 RAA：回想哪些對你有感受？對你有用？（Reflection）；你想怎麼用？怎麼來改變自己？（Application）；基於這想法，你如何啟動自己？什麼時候開始第一步？再下來呢？（Activation/Action）；這是一個很重要的

學習動作，必不可少。

- 每一個月針對他（她）身邊的 Stakeholders （支持者）做一次的訪談，我有哪些進步？我未來需要在那些地方做努力？（MAP: Monthly Action Plan）

D. 教練要做什麼？角色及責任

- 教練運用各種不同的專業教導技能來發覺或啟發學員心中未用或隱藏的潛能。

- 透過不同的專業和工具，來幫助學員釐清自己的狀態。

- 建立一個安全的空間，讓學員可以開放自己的想法及感覺，而不會受到批評或傷害。

- 建立學員「自我認知（Self-Awareness），自我決定（Self-Choice），自我啟動及行動（Self-Exploration），自我反思（Reflection）」的能力。

- 幫助學員建立內在「信得過，靠得住」的能力，對自己的轉變要能持守.

- 運用「互動交談，傾心傾聽，分享經驗，提升看法，給予挑戰」來提升學員能力。

- 「喚醒自知，點亮盲點，開啟天窗，自我決定，點燃熱情，啟動轉型」，開啟學員生命新樂章。

- 幫助學員「提升新高度，尋找新機會，發現新看法，找到新可能」及「確認最合適的行動方案」。教練運用各種不同的專業教導技能來發掘或啟發學員心中未用或隱藏的潛能。

自我承諾書

我，＿＿＿＿＿＿＿，理解教練 (Coaching) 的本質和價值，並認同它的精神和表現的方式，我在此承諾我要開始進入「教練型領導力」發展領域，它將成為我近期的發展優先目標之一；我將以＿＿＿＿＿＿ 教練所介紹的教練模型為藍圖，來成長出一套最合適自己的領導風格。

支持者：　　　　　　　承諾人：

日　期：　　　　　　　日　期：

4 _章

我需要協助，請你幫助我！

覺察改變，學習改變
Learn to Change

EXECUTIVE COACHING
LEADERSHIP ACCELERATORS
FOR HIGH LEVEL MANAGNERS

"成功為失敗之母"

在和蔡人資協理一對一面談後沒幾天，王董事長在我個人的信箱留了一個簡單的訊息：

陳教練，你好

謝謝你對蔡協理的支持，幫助我們理解教練的價值，你什麼時間有空，歡迎來我辦公室喝杯茶，有事請教。

王

就這樣，我們相約隔天在他的辦公室裡喝茶聊天，這是一個溫煦的艷陽天。

王董事長（以下簡稱王）：謝謝你再次光臨，陳教練。

陳教練（以下簡稱陳）：我倒要謝謝你的撥空，有什麼事我可以提供服務的嗎？

王：上次你給我的訪談報告，我一直在反思，希望努力靠自己走出一條路來，但是直到如今，我還是找不到出路，我需要你的協助，教練。

陳：你願意將上次的報告主題再重述一次嗎？

教練筆記
等待改變的成熟時機

Dream（夢想）
Decision（決心）
Design（設計）
Delay（猶豫）
Difficulty（困難）
Dead Lock（撞牆）
Delivery（達標）

王：就我理解，是這四個主題：

• 老闆的個人主見太強，員工沒有參與提出意見的機會，我曾試過了幾次，最後變成一場辯論會，還是尊重老闆讓他贏了，相對的我的態度也由主動積極變為被動消極，就是聽命行事，以後我就不再浪費時間用腦筋想事情了，非常沒有成就感。

• 老闆意見多變化又快，他追求完美非常的龜毛，跟隨他久了就疲乏了；一件事還沒有執行完成，新的點子又來，打翻原來的努力成果，好挫折。

• 組織變大了，但是老闆還是用早期創業的心情來管理我們，甚至在公開場合還將我們當家裡的小孩在數落，忘了我們已經接近五十歲的人，職位也是協理級的高層主管了，我們也有自尊哪！

• 老闆待我們實在是好，沒有話說，但是在工作裡卻是有承受不起的重，心中非常的矛盾，我該怎麼辦？

我整體的感受就是「為什麼我事業這麼成功，但是還是需要這麼辛苦？」我希望員工和幹部們都願意承擔他們的責任，讓我工作輕鬆一些。

陳：對於這份報告，哪些你同意，哪些你不認同？

王：我相信你，我也相信我的幹部，他們願意和你說，雖然我看不見自己的行為，但是我相信這些陳述都是對的，只是我自己以前沒有覺察，這些都是我的盲點，請你幫助我能事先覺察，並能及時改變我的行為；先處理好這些問題，再來開展自己的領導力，我的夢想是「幹部們能分擔我的責任」，我就不需要再這麼辛苦了。

陳：如果我聽得沒有錯的話，你的理想是「**覺察自己行為的盲點，並且儘速改善；其次是建立個人的領導風格；最後是建立一個能承擔責任的領導團隊**」，對嗎？

王：教練說的是，

陳：你認為這三個主題有相關性嗎？哪一個是最關鍵呢？

王：我認為是第二個主題「建立我個人的領導風格」最為關鍵，其他的部分可能就可以改善了，對嗎？

"教練合約"

陳：你說的對，你也勇於承擔自己的角色和責任，這是一個好的基礎，你所設定的目標很可行，我們一起來努力，我相信在這個主題上我可以幫得上忙；這是一個關鍵時刻，你已經預備好進入「教練」服務了，你願意和我簽訂一個教練合約，讓我們在未來六個月一起來朝著同一個目標努力嗎？

王：教練，我預備好了，也接受了你的報價，我馬上請蔡協理處理好嗎？這是急件。

陳：謝謝你讓我在這個關鍵時刻有這個榮幸為你服務，請允許我來解釋一下一些在教練合約裡的基本規範，以讓教練更有功效，好嗎？

王：教練請說。

陳：我來先釐清一下我們的教練主題是：「**建立你個人獨特的領導風格**」。時間是六個月；我會使用的模型是…（略），教練流程是…（略），最重要的是我們的談話內容都是保密的，我不會和任何第三者透露；在這段期間，你同意會排除萬難，將這件事放在你的最優先，這是成功的關鍵；我會期待你能「主動」約定時間地點話題和分享行動後的反思學習；我們隔週碰一次頭，這中間就是你實踐的時間，自己有體驗，也讓你的員工有感；在會面的前一天能提出你下一次討論的主題，在會後 24 小時能將會談的「反思應用和行動方案」（RAA:Reflection,

Application, Action）寫下來和我分享，這就是下一次見面開始的主題，我會請你告訴我你的體驗，下一次如何能做得更好。說了許多，王董，你認同我所提的要求嗎？

王：我相信我可以做到，我同意。

陳：謝謝，現在麻煩你閉起眼睛，將這事放下來，預備自己，我們再回來我們剛才談論的主題來，好嗎？

王：…

陳：這對這個教練主題，哪些是你可以著力的重點呢？如何讓改變發生呢？

王：這個題目深而廣，讓我想想…要慢下來傾聽員工的意見，不批判，也不急著做結論…我能想到的就這麼多了。

陳：我能提出一個觀察嗎？

王：教練請說，

陳：你認為「員工願意參與意見討論，並願意承擔責任」是你要的嗎？

王：教練說的是，那我該怎麼做呢？

陳：如果你是員工，以前都是老闆說了算，你都不願意表達意見，現在怎麼能開啟你的口呢？

王：也許，我可以告訴我的直屬幹部我要改變，請他們幫助我，我要能傾聽不批判，也直接鼓勵他們提出意見，這個老闆

不一樣了，請他們幫助我做改變。由我周邊的直屬幹部開始；教練，你認為我的主意怎麼樣？

陳：非常的棒，你怎麼跨出去呢？

王：還是有點怪怪的，不平安，跨出第一步真難啊！

陳：我來幫你將這一步拆成兩步，你看看是否對你合適好嗎？第一步是將你要改變的內容清楚的寫下來，放在你的房間內，你的員工進來你的房間看得見；第二步會更明顯，我給你這個牌子「領導力施工中」，你願意掛在你的房間門口嗎？這是你的決定，也是最高的挑戰。

王：嗯…，這簡單，我願意；我待會兒就掛上來。我理解教練的意思了，改變就必須讓員工和夥伴們有感，也有機會邀請他們參與，幫助我改變；待會兒我就召開一個會議，先和直屬主管提出我改變的主題和邀請，請他們幫助我，隨後我就將這個牌子掛出來，這樣我就能優雅的轉身，不會尷尬了，他們也不會懷疑我的真誠；如果我能成功，相信他們也會很願意跟上來。

陳：你理解得透徹啊！

我的教練計畫

- 教練目標：建立我個人獨特的領導風格。
- 實踐方法：要慢下來傾聽員工的意見不做批判；讓員工願意參
  與意見討論。

" 那些只有 CEO 才能做到的事 "

陳：剛才說的只是第一步，我們再來提升高度，談談作為
一家企業領導人，你最主要的角色和責任是什麼呢？

王：這個簡單，就是創造客戶價值和加增企業利潤，造福
股東和員工，對嗎？

陳：是的，那你會做什麼呢？哪些是只有你才能做到的事
呢？換句話說，你必須做什麼，可以不做什麼？

王：平常我就是努力經營，學習在 MBA 課堂裡所教導的，
成本管控，KPI 管理，ROI/ ROE，客戶關係，客戶服務，品
牌經營，員工滿意度，績效評估…等，這是我擅長的部分，今
天面對這個情境，我並沒有做錯什麼，怎麼會這樣呢？這個我
就沒有一個清晰的概念了，我只知道每天不停的忙，指揮大軍
勇往向前，開疆擴土打天下，你能告訴我你的思路架構嗎？我
做錯了什麼嗎？

陳：能容許我用寶僑家品 CEO 所說的一段話來答覆你的問題嗎？

王：教練請說，

陳：寶潔前 CEO 拉富雷在《哈佛商業評論》2009 年 5 月份的一篇文章〈那些只有 CEO 才能做到的事〉（What only the CEO can do）裡頭，明白的陳述一個組織高階領導人也負責他自己的「R&D」：

第 一 個「R&D」是 組 織 的 運 作 和 經 營（Running operations） 和 未 來 的 開 展（Developing talents and organization），R 是經營，這個你是專家，我們不在這裡深入談論，我們要專注的是 D：未來人才和組織的發展。

第二個「 R&D」是管理期待的結果（Result expected）和 定 義 需 要 做 什 麼 努 力 並 採 取 行 動 （Development required）；這裡所說的高階領導人不一定只是組織裡的 CEO，而是在組織裡決策圈的核心經營團隊，他們可能是 CEO，CXO 或是事業部門 GM 或是高階產品經理，地區負責人等，

他們需要靠更多的專注，不斷的問自己和團隊這些基本經營問題：

- 我們是什麼一家企業（組織），我們做什麼，不做什

麼？

- 最高領導團隊能看到一些其他人無法看見獨特的外部機會和挑戰，他必須有效的將外部和內部的狀態做鏈接整合和詮釋，包含所處社群，市場經濟，技術變革，消費者行為…等，並願意及時做出決策，基於組織優勢，引導組織行動和變革；組織衰敗的第一個現象就是太專注內部或是太過驕傲自大而忽視對外部的敏感性和應變，這是領導人們不可忽視的責任。

- 在設定目標時，兼顧短期 - 中期 - 長期的發展：這是一個困難的決定，也只有如此才能確保組織的永續發展。

- 組織文化的建設和不斷的更新。

- 人才發展的投入和關注。

我們先在這裡打住，你在這些課題所花的心血有多少呢？它佔你花的時間和能量的比例是？

王：我想我花絕大部分的時間和精神在「組織運作和經營上」，這有什麼不對嗎？

陳：沒有不對，我剛才說過，這不再是「對─錯」的事，而是「對─對」的選擇，我們要專注的主題目標是「為什麼我

事業這麼成功，但是還是需要這麼辛苦？我希望員工和幹部們都願意承擔他們的責任，讓我工作輕鬆一些。」對嗎？

王：教練說的是。

陳：我的理解是你的期待和需求包含兩個層面，一個是你個人的改變，另一個是團隊氛圍的改變，但是領導人的領導風格會直接影響到組織的氛圍，它們是相輔相成的，你認同嗎？

王：這個我聽得懂，我認同，對於組織的氛圍塑造，我有不可逃避的責任。

陳：教練的成效起始於最高領導團隊的管理和領導氛圍，這個改變必須是由上而下的流程，由指導式、英雄式、老闆說了算的模式走向合力共創參與型的領導模式。我們曾經提過組織改變的五個步驟：

- 覺察和學習改變（Learn to change）
- 自我改變（Being the change）
- 設計改變（Design to change）
- 領導改變（Lead to change）
- 持續改變（Sustain the change）

組織改變必須啟動於「高層主管們的覺察和學習改變」，才能進入個人化一對一的「自我改變」教練流程。你願意再來

聽聽福特汽車是如何轉型的嗎？福特汽車在 2008 年經濟最慘淡時期轉型的案例，和貴公司現在的狀況有點類似，我們來學習他們的如何經歷「覺察和學習改變」的歷程，之後我們再回頭來反思你的組織如何來加速轉型，好嗎？

　　王：教練，請你分享。

" 福特汽車的轉型變革 "

　　陳：福特汽車在 2008 年代經濟最困難的時候，新任 CEO 穆拉利（Alan Mulally）如何引進教練，翻轉整個企業的經營模式，這是我個人和他們北美區人資長的採訪對話，也曾載於我之前著作《幫員工自己變優秀的神奇領導者》這本書，這是一個經典的案例，這篇採訪報告的大致內容如下：

> 在經過好長的暴風雨區後，我最近總算有機會可以和福特北美區的人資發展主管 Tina 談談了，她是我「教練培訓學院」的同班同學。
>
> 問：你能談談最近的福特人力發展狀況嗎？
> 答：當危機來臨時，各部門主管就越會是「本位主義」，保

護自己和自己的單位，情緒問題及跨部門溝通和合作的問題越來越嚴重，特別是在高層主管，我們必須面對，及時採取行動。

我們新任 CEO 自己有一位私人的教練，他首先要我們找一家有教練背景的諮詢機構來為我們安排一場兩天一夜的「團隊領導力研討會」，只選十幾個參與經營的最高主管參加，由一位資深的企業教練依據團隊教練的模式帶引我們進入討論，我還清晰記得我們那時訂的主題是「如何走出陰霾，開創未來」；我們開始於經營環境的掃描，在教練的協助下我們第二步釐清並定義我們企業的使命和願景，我們做什麼，不做什麼？ 再回頭看我們面對什麼機會和挑戰？我們該往哪個方向走？ 在教練的引導下，我們不只是開誠佈公的討論公開的機會，我們也發現了許多我們一直在迴避的問題，在開放性的氛圍下，開展有深度廣度和高度的對話，我們很快的就取得信任和共識，也建立一些策略性的行動計劃，取得大家的參與承諾。這是以前沒有過的經驗，在離開會場時，我們覺得都好似一個新的人，一個重新得力的新人，有目標和方向，有著力點，特別感到興奮的是有個再生的團隊和有具體的目標和策略，大家熱情洋溢而且願意全力以赴。

問： 你能就這個個案分享一下你的經驗和感受嗎？

答：最重要的是需要有一位教練的參與，他能引導我們的談

話，並不時的提出「不同的角度和高度」挑戰性的問題給我們，讓我們不要只是為達成短期的目標而忘記了企業的使命和願景，並不斷的問我們「這是你們唯一的選項嗎？」

其次，要預備好的問題，每一次只討論二到三個主題就好，不要貪多，讓大家盡情的參與，不要預設立場，只談共識和行動，這是「團隊教練」的雛形。

另外，會議的參與者是否合適，會議的帶引者與會議的管理者也是重點，當有人離題，做個人攻擊或是太情緒性的發言時，要適時的提醒；也要引導學員做結論，做出行動方案以及每一個主題的負責人，這是高效能人士的基本開會技巧，只是我們加進了教練的元素，使這個會議能更有效，特別是在高層的人和高壓的時刻。

最後，當最後建立共識後，大家要能承諾，也要能放下自己的立場，甚至支持你個人所不同意的部分（Agree to disagreement），才能成為團隊的共識和決策，這是團隊文化也是這次會議成功的關鍵。

問： 在這高壓力時刻，你們還做了些什麼？

答： 我們還對中高層主管做了一天的「時間管理」培訓，對於高層主管，我們並不是要他們去管理員工的時間，而是個人的能量，這才是價值創造的動力，這不是培訓，而是做你教練所說的「一盞燈，一席話，一段路」的喚醒和點燈的動

作：我們不鼓勵高層主管做細節管理，要有更多的時間投入在領導人的工作上。

問：我能進一步了解福特汽車在人才培育與發展的思路與做法嗎？

答：過去我們是「生產企業」，產品開發期一般是五年，可以賣十年；現今我們必須轉型為「市場營銷型企業」，產品開發期不能超過兩年，可能只暢銷一年；經歷過這次的經濟風暴，我們的體驗更深，我們必須加速轉變，強化內部的合作和創新，但是我們的中高層主管大都是由底層技術生產專業的人提升上來，他們對於設計，技術特別有熱情，但是對於人與人間的合作溝通，甚至與影響他人這就不是他們的特長了；過去景氣好的時候還沒有感受到緊迫性，但是這次的經濟風暴催醒了我們，必須馬上採取行動。

我們開始在內部啟動一個「領導力發展計劃」，我們內部的代號叫「CAPSTONE」，針對企業內部中高階領導人，包含技術，生產，計劃，市場營銷，物流，財務，客服…等，針對「領導與管理」的幾個關鍵課題做基本建設，我們也不斷做內部調查，理解要達成組織的更新，我們需要學習什麼新能力？

另外，我們也和外部數十個企業教練簽約，提供中高階主管的一對一教練，這是我們公司對文化和領導力轉型的重要投資，我們需要加速的轉變成為一家「教練式」領導力的組

織，在這個基礎上，學習型組織才能長成。這個計劃已經實施一陣子，員工們都很興奮，我們的營業額也在大幅增長，我們對這轉型非常的有信心。

由 2008 年到如今，我們這幾位高階主管大都有自己的企業教練，這些教練一路陪伴我們轉型和成長。

這位傑出的 CEO 在 2014 年退休了，他不只安全帶引企業離開暴風區，企業的財務績效卓著，更重要的是轉型成功，就這位人資長所說的，福特是一家「市場營銷型企業」不再是「生產企業」，他們早期就改變了生產模式，依照市場的需要做生產計劃；公司的企業文化的轉變是關鍵元素，細節可以參考他的著作《勇者不懼：拯救福特汽車》（American Icon by Alan Mulally）

陳：由這個案例，王董，你學習到什麼？感受到什麼？

…（一段時間的安靜和沉默）

王：看起來，他們這場的「團隊領導力研討會」很給力，不只是打破組織內部藩籬，也建立了人與人間的連接，團隊活力也間接的被建立起來了。

陳：還有嗎？

王：我可以感受到，員工在這個場合裡比較願意暢所欲言，

只要好好引導，不做批判，可以聽到真實的聲音。

陳：你說的不錯，這個組織就是具有我們所說的「教練式領導力」的氛圍，福特汽車許多的高階主管後頭都有一位教練陪伴著；好了，我們接下來如何來開展這一趟的教練旅程呢？

王：在教練的覺察和學習改變（Learn to change）裡，我們是否也來開一場「團隊領導力研討會」請教練幫忙規劃並引導我們的討論，我希望藉著這個活動能讓組織鬆土，讓員工暢所欲言，讓組織活起來，對嗎？

陳：這是一個好的建議；在開始這個研討會以前，我們需要有一種文化或是氛圍，才會有你所期待的果效，我們需要先來學習「教練式領導力」的工作坊，由學習傾聽探詢互動對話並願意尊重接納他人的基本態度和能力。

王：那就依照教練的設計，我們開始學習並踏入「教練式領導力」的領域。

陳：謝謝，你個人在這個工作坊裡如何預備自己呢？和你的「教練計畫」內容有什麼相干呢？

王：我會安靜的傾聽，理解並感受他們的發言，不做批判和辯解，目的就是讓他們盡情的發言，讓他們參與。

陳：太好了，我們感受到你的改變，我們要開始啟動了，請繫上你的安全帶。

" 「教練式領導力工作坊」的設計 "

幾天後⋯

陳：這是我所設計的「教練式領導力」工作坊的架構，目的是讓主管們理解新領導力的真意，學習對話，而不再是單向的指示型傳達命令，這是一場體驗型的設計；之後我們再進階到「高階主管領導力工作坊」，我一併向你報告一下。

王：我可以理解你設計的用心和價值，謝謝。

教練式領導力工作坊架構

- 由管理到領導的轉型
- 邁向教練式領導力：信任是領導力的基石
- N 型情境領導力
- 如何建造創新活力團隊
- 對話力練習：PAC 態度，探詢，傾聽，對話，挑戰，陪伴
- 自我領導力掃描
- 夥伴關係新教練（Peer Coaching)
- 教練的工具箱（A.C.E.R,GROWS 2.0, VIA, PAC,P&L)
- RAA (Reflection,Application,Action 反思，應用，行動）

" 「高階主管領導力工作坊」的設計 "

(幾週後…)

主管們對「教練式領導」有過體驗後，我們開始來進入王董所期待的「高階主管領導力工作坊」，前者是鬆土是基礎，大家有共識，渴望建立這樣的氛圍時，後者的工作坊才會有效；這是我為貴公司所設計的兩天一夜的工作坊架構。這是一個我和王董以及才人資長所共同討論發展出來的「高階主管領導力工作坊」的設計：

1. 主題：經歷改變，邁向高峰（Change to grow）
2. 目的：經由教練的引導，針對組織未來的機會和挑戰，開啟對話之門，沒有批判，只有尊重和傾聽，經由對話建立團隊共識，也建立一個新的領導文化。
3. 時間：兩天一夜，在公司外部舉行。
4. 哪些人參加：王董，高階主管（負責組織損益 P&L, Profit & Loss）和團隊和專案領導人（有權力和愛，Power & Love）
5. 定義工作坊的氛圍和目的：是結論導向的「務實會」，還是意見分享共識導向的「務虛會」？這個工作坊的性

質是屬於後者。

6. 員工參與意見層級的定義：在大眾參與的模型裡，我們這次工作坊的定義在第三層級，邀請主管們的參與提出意見，以後再針對討論不同的主題，邀請合適的員工參與，邁入第四和第五層級。所以在這次的工作坊，以好奇的心態來「探詢，傾聽，對話」是很重要的能力，不做任何的批判和挑戰。

大眾參與 Public Engagement

參考資料：IAP2

	行為	目的	決策者
1	告知 inform	決策說明會＋問答	主管單位
2	諮詢 consult	傾聽大眾的意見，做為決策的參考	主管單位
3	參與 involve	大眾參與決策過程的討論	主管單位
4	合力共創 collaborate	大眾平等的參與決策流程	合作雙方共同決策
5	賦權 empower	在規範內，大眾自行討論並作決策	大眾團隊

7. 談什麼主題（見右頁圖）

在建立願景的對話過程中，我們引用彼得・杜拉克的五大問題來做團隊對話的基礎：

高階主管領導力工作坊

- 目的：釐清組織願景，經由『合力共創』建立有創意有擔當的團隊
- 參與人員：組織裡經營團隊成員
- 主題和流程：

  ※ 我們所專注的產業未來 5-10 年經營環境掃描：趨勢機會和挑戰。

  ※ 對我們的企業的前三大機會挑戰和威脅是什麼？（Open space）

  ※ 我們的願景是什麼？

  ※ 我們必須具備的關鍵能力是什麼？

  ※ 組織管理和領導氛圍掃描

  ※ 釐清願景和現實的差距：我們有什麼選擇，該做什麼？(GROWS 2.0)

  ※ 我們如何合力共創開展機會？(Co-create) 我們現有的優勢，哪些需要強化，哪些必須捨棄，哪些需要向外學習，哪些需要新開創？

  ※ 教練給予挑戰，邁向願景的高峰 (Challenge)

  ※ 我個人能參與什麼？(Commitment, Contribution)

- 我們是一家什麼組織（企業）？ 這組織的使命和定位是什麼？
- 我們做什麼，不做什麼？這是組織的價值觀
- 我們的優勢是什麼？這是核心能力
- 我們要到哪裡去？這是願景
- 我們該做什麼？這是策略和行動。
- 需要什麼樣的環境和氛圍才能達成使命目標

◆ 會議成果

在這次領導力工作坊的中，討論非常的熱烈，公司從來沒有過這樣一個場域讓幹部們「打開天窗說真心話」，不會擔心挨罵，以下是一部分的討論內容的紀錄。

經營環境掃描

- 外部市場和技術不斷的變化，未來三年內我們各事業單位都要面對成長的瓶頸。
- 各事業部內的創新力道不足。
- 各部門都有自己的 KPI 直接向老闆負責，部門間互不往來，更不要談合作；找外部廠商合作的效率和成本遠遠好過和內部跨部門的合作；這是企業的隱憂。
- 未來的趨勢是系統整合和創新，我們有潛能，但是沒有合作和創新的機制和平台。

Change – Chance – Challenge
改變, 機會, 挑戰

- **工業化 4.0**：這是機會也是挑戰。
- **系統整合**：客戶的更多的需求是系統層級（Solution）的解決方案，必須具備軟體和硬體整合能力，而非零部件，這需要跨部門合作。
- **技術創新**：更環保更節能的系統，這需要創新。
- **組織轉型**：宣誓新願景建立共識，由被動式的管理走向主動參與負責式的領導；開創型的人才和激勵機制，軟硬兼具的團隊，跨部門合作的氛圍和機制

　　王：原來高手就在組織裡，我怎麼都不知道？我看到了員工們對組織的熱情和盼望，他們有的是高度和深度，我過去低估他們了，還是將他們當小孩子，這是我個人的管理和領導模式將他們的潛能埋沒了，這完全是我個人的問題，還好有教練你的協助，我相信這還不會太晚；我知道我要先自我做改變，記得我們第一次見面，我曾說過「解鈴還需繫鈴人」，不幸而言中；教練，請你陪伴我走過這段自我轉型路，請問我第一步該怎麼做呢？

　　陳：在討論你該怎麼做前，我先來說一個案例好嗎？諾基亞前總裁奧利拉在 2011 年手機市場因為 iPhone 問世而大翻轉時說：「我們並沒有做錯什麼，但是我們輸了」；幾年後，歐洲最有影響力的管理商學院 INSEAD 出版了一份研究報告，這是因為「組織畏懼症」，他們太專注在市場佔有率為組織最高的 KPI，其他相關的市場資訊就全部被掩蓋了。

　　你說那時的諾基亞是敗在太驕傲還是太專注？這也是「成功為失敗之本」的反面教材。至於你說第一步該怎麼做？你能先想一想該怎麼做，我們再來討論好嗎？這是教練不是培訓哦！

　　王：哈哈，我沒有忘記教練的原則，我自己要先想過再來討論；你提到「組織畏懼症」，我的組織可能也有這個問題，

為了高效率，我過去是「我說了算」，相對的犧牲了好多⋯員工就因此放棄思考了，我得好好想想，如何來解開這個鈴。

我們相約兩週後見。

RAA 時間：反思，轉化，行動

· 你說這位老闆，該如何來解鈴呢？

5章

一盞燈：喚醒生命，釐清目標

一盞燈，一席話，一段路：這就是教練

" 早起團的承諾：一場自我改變的對話 "

週一早上七點一刻鐘，陳教練提早到達王董辦公室，距離約定的七點半還有點時間，這是他的習慣，來開門的助理告訴他：「王董很早就來了，他正在等著你呢？」

王：教練早！

陳：早，沒想到你也來得早！

王：我一向都是晚點到，在家裡忙東忙西的，今天能早到，感覺不一樣。

陳：你知道為什麼我選擇在週一的大清早開始我們的對話嗎？

王：可能是擔心我太忙吧？時間在大白天排不出來？

陳：這是原因之一，但不是主要原因；我要測試你對這個教練專案的承諾，不是只是口頭承諾，只在你的日程表裡加增另一個安排，我要試煉你「願意犧牲付出，優先和毅力」的承諾，犧牲你平常的享受，早上提早到辦公室，接著來的是「優先」，作為一個主管，特別是高階主管，許多人會有「人在江湖，身不由己」的感嘆，時間不夠用，這個轉變如果對你重要，急迫和關鍵，我希望你能撥出時間，將它放在最優先，排除萬難

來走這條路；安排在早上的時間，我們的思路最清晰，體力也最好，我們的談話品質也會是最好；最後的考驗就是「堅毅」了，不只是排除萬難，而且要能持續，這個改變，不只是要「除去一個老習慣」，更重要的是「建立一個新習慣」，需要堅強的承諾和毅力。

王：教練，我理解你的用心了，這是我急迫需要改變也必須改變的機會，我現在撞牆了，我別無選擇。

陳：在我們開始進入流程前，我們是否可以安靜一下，反思我們的教練主題呢？

王：這是我寫在桌上的標題，

陳：非常強的開始，我印象深刻，你提到「必須改變」，能否允許我簡單的介紹「如何讓改變發生的七個關鍵元素呢？」

我的教練計畫
·教練目標： 建立我個人獨特的領導風格。
·願景： 因著我的改變，我們會有一個高活力高創新團隊，大家願意承擔更多的責任，讓我們更享受工作的樂趣和意義。
·著力點： 同理對話，專心傾聽，建立信任，團隊再造

王：教練請說。

"改變的七個關鍵要素"

陳：許多人都知道要改變，但是做不到，為什麼？這就是教練的專業，如何由「知道」到能「做到」？這裡頭有七個關鍵的要素，這不是 IQ 的挑戰，而是 EQ，在經歷你的教練主題時，我們都會經歷過這些關鍵流程，我希望你先看到這個架構，當我們一起經歷時，你在心裡就更有把握了。

動機和動力
第一個要素是「動機和動力」：你要先說服自己「為什麼

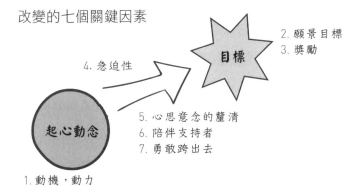

改變的七個關鍵因素

- 2. 願景目標
- 3. 獎勵
- 4. 急迫性
- 目標
- 5. 心思意念的釐清
- 6. 陪伴支持者
- 7. 勇敢跨出去
- 起心動念
- 1. 動機，動力

要改變？不改變行嗎？不改變會有什麼後果？你願意付上代價嗎？」這是離開舒適區的先兆，其次需要動力，需要一個力量幫助我們離開這個地心引力，飛離開這舒適區。

陳：王董，我能請教你，對這幾個問題，你能說服自己嗎？

王：有點激動，好似忽然醒過來了，過去真的做得好累好累，完全沒有個人和家庭生活，我願意放下過去的做法，甚至對過去的做法有點厭惡，我要能捨得，能先捨才能得，我渴慕新的境界，那就是我們的願景。

陳：你願意付上代價嗎？

王：教練，我沒有選擇，這也是最佳的選擇，請你幫助我！

陳：唯有在「厭惡過去，渴慕未來的願景，願意付上代價」的基礎上，改變才有可能發生，第一關你走過來了，我們繼續向前邁進。

願景和獎賞

需要有非常吸引人非常美好的願景，人才會願意放棄舒適區的生活；有清晰的獎賞才能幫助我們在經歷改變時的困難和苦痛時，仍能堅毅的走過來。

陳：王董，你能再回來反思一下，你的願景是什麼？對你

的好處是什麼？

　　王：這個容易，在過去幾次的討論也幫助我釐清了，我的願景是「因著我的改變，我們會有一個高活力高創新團隊，大家願意承擔更多的責任，讓我們更享受工作的樂趣和意義」，達成這個理想後，對我個人的好處多多，我的幹部願意參與討論並承擔責任，我可以想像那時我會多麼的輕鬆自在，我可以專注在只有我能做的事和我喜歡做的事；會有更多的時間陪家人了。我知道，這個轉變成敗的鑰匙在我手上，我自己必須先做自我改變。

急迫，關鍵，意義

　　改變要發生，它必須是「必須馬上改變」，或是我們常說的「昨天就應該改變，今天不做明天會後悔」的緊急，而不是「知道很重要，但是不急」的事，「重要但是不急」的事常常不會發生。它也必須是「關鍵性」，意思是「這件事不改變，其他都動不了」，它處於關鍵位置；最後就是這個改變的意義，獎賞是短期的，意義是長期的。

　　陳：王董，如果用 1 到 10 來表示你的急迫性，1 是一點也不急，10 是必須馬上處理，昨天就要，你針對這個改變主題，

你給自己幾分呢？

　　王：嗯…8 分吧。

　　陳：是什麼原因給 8 分？那缺少的兩分什麼原因呢？你不是說撞牆了嗎？

　　王：嗯，我對未來的光景還是有點不確定，我雖然知道是撞牆了，但我還是希望手上還能抓住一些讓我覺得安全的東西。

　　陳：你的心情我可以理解，我們不能單單期待你如此成功的創業者完全放棄你的來時路，過去成功的經驗，而沒有抓住一個「希望」。你覺得上次「高階主管領導力工作坊」的結論，有給你方向和希望嗎？你渴望早日達到那個目標嗎？

　　「工業 4.0，系統整合，技術創新，組織轉型」，你個人覺得如果沒有改變，可以達成你所期待的目標嗎？

　　王：嗯，這是不可能的，這是一盤完全不同的棋局！

　　陳：你什麼時候開始改變呢？等有空以後再改變，還是現在必須動手了？

　　王：這個趨勢已經發生了，我們不能再等待了，否則我們的組織會很快消失，我知道我也聽到員工的聲音了。

　　陳：現在，你給這個急迫性幾分呢？（1－10）

　　王：10，我開竅了，

心思意念的釐清

改變會是一個不舒服的旅程，可能會痛，但是事後你會告訴自己「值得」！

心思意念對於人，好似電腦的 OS（作業系統，Operating system），這是人最核心的部分。一個外部的觸發透過每一個人心中的「心思意念」會引起人不同的反應；所以一個人要改變，必須釐清自己的心思意念。我在拙作「讓改變發生」這本書的第二章有詳細的描述；我們再往上走一個台階。

所謂的改變，不只是在外在行為面層面的改變，而是要由心思意念出發，我期待學員們要有幾個基本的精神和態度：勇氣（Courage），謙卑（Humility），紀律（Disciplined），願意走下權力寶座，敢於展示自己的脆弱（Vulnerability），做一個真誠的人；在前面清晰的願景引導下，能謙卑的反思過往的經歷，哪些可以轉化和強化；哪些必須捨棄；有勇氣面對現在和未來的挑戰，知道那些是必須重新學習或是再創造的；最後才是堅毅執行，使命必達。

" 高峰體驗：反思 "

在生命裡的幾個關鍵時刻：你是如何邁向巔峰的？那時的情境如何？你的感受又如何？你是如何走入低谷的？你又如何

再起？是什麼？為什麼？憑什麼？面向未來，你如何管理自己的心志，再度面對人生風浪，能面向高峰時學習謙卑，也能面對低谷時堅毅的向前行。

陳：王董，你個人創業也有 20 幾年了，你願意分享在這段創業的過程中，你感受到最成功的經歷是什麼？你有過失敗嗎？你又是如何奮勇再起的？你學習到什麼？

王：這個題目就好答了。一來是談我個人的過去歷史，二來它是個開放性問題，這是我所樂於分享的一段歷史。我是個喜歡創新的人，常常有新點子，早期創業也吸引了一批和我志趣相投的人一起創業，那是一段美妙的日子，優秀的夥伴團隊，好的點子，大家默契十足，說了就做，組織雖然鬆散，但是市場也非常的照顧我們，企業快速發展，這是一段我很懷念的日子；直到有一天，我發覺我的桌上堆滿了「待辦事項」等待我簽名蓋章，每天有開不完的會，我自己思考的時間減少了，談的是 KPI 或是 SOP 而不是創新，這不是我要的生活，我並不快樂。於是我到外部請來幾個高階專業經理人來分擔我的責任，可能是水土不服或是我的大家長式作風，到今天沒有一個能活下來的；只好自己再度下海重操舊業；我也請顧問公司來幫忙診斷，他們的建議「要放手，要給空間，要授權」，這些我都懂，我也願意放手，只是我不知道如何放手？如何做才是對的？心中

有恐懼不平安，放太鬆怕業績下滑；太緊又怕捏死了它，員工沒有舞台，心中實在糾結；在這個過程中，唯一讓我有喜樂的事是我們在三年前有一個新創事業部，這是我不懂的技術和市場，我只好放手讓這位年輕人做做看，幾年下來，這個團隊的表現讓我驚艷，真是「無心插柳柳成蔭」啊；對了，還有一段讓我傷心的歷史，我創業的初期是有合夥人，我們是好朋友，但是他不認同我的許多看法和做法，他自己的企圖心很強，一心想主導組織的發展策略，最後我們拆夥了，我後來就學精明了，要找對的人上車，不知這幾段的經歷是否足夠回答你的問題了？

陳：這些經歷，你學習到什麼？憑什麼你活下來了？你如何在失敗或是危難時能轉危為安？這都是「改變」的歷練，你

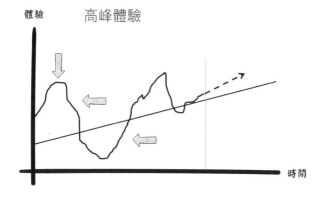

察覺到了嗎？我希望你能體驗到那份精神，你怎麼辦到的？面對今天的情境，你如何來面對改變？

　　王：我懂你的意思了，讓我沉澱一下，過去是有許多的經驗…

" 價值啟動 VIA ：強化，捨棄，學習，創造 "

　　陳：剛才你的反思裡，當你提到「創新，夥伴」時眼神特別的激動，但是提到「大家長式作風，願意放手只是擔心會失敗，也不知道怎麼做」就相對有點落寞了，我觀察的對嗎？再回來看你自己和團隊所訂定的組織使命和願景，你過去的能量，哪些可以繼續留存強化，哪些必須捨棄，哪些需要加速向外學習，哪些需要內部創造呢？我們在教練式領導力的工作坊裡也有提到這個 VIA 模型，這在改變轉型非常的關鍵，我們先來探詢幾個關鍵問題：

- 為了追求願景達成目標，哪些是關鍵元素？
- 你既有的優勢有哪些可以轉化和再強化？
- 哪些必須要放下或是捨棄？
- 哪些是你所欠缺的，需要趕快學習？怎麼學？

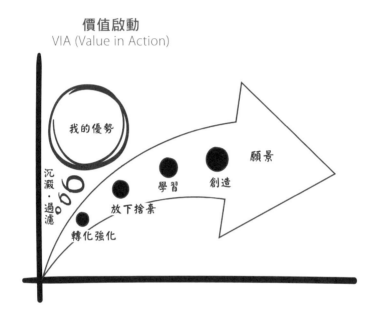

價值啟動
VIA (Value in Action)

- 　哪些是必須在組織內部新長成？被創造出來？

　　比如說，你組織裡的紀律文化應該要繼續持守，在允許的範圍內甚至於再強化優化；對於老舊的 SOP 可能要捨棄了；積極的理解你需要什麼能力，如何站在巨人肩膀發展？這是學習的功夫；最後就是組織內部的創造，設計改變，新的企業文化，組織管理和領導氛圍，這學不來，我們來安靜一下，你自己的看法呢？

王：我來想想，「創新」的本質必須要留存和強化，這是我們團隊的 DNA（基因）和優勢，只要我放下自己的專權和霸道，這個能力應該還是可以快速的回復，為了達成組織轉型的目標，這是重點項目。

陳：還有嗎？

王：目前還想不到，

陳：那你覺得需要捨棄或是放下哪些呢？

王：「我說了才算」的威權，大家長式的管理和領導，太多的新點子而沒有過濾，最後變得不了了之……。

陳：哪些需要向外學習的呢？如何站在巨人的肩膀上呢？

王：我相信是「團隊建造」和「跨部門合作」，還有「傾聽的技巧」應該也是重點之一。

陳：自己創造的部分呢？

王：我們不缺新點子，而是如何建造一個激盪的環境，大家一起來討論辨證，再來「合力共創」，成為我們的產品或是服務，這個鏈接沒有做好。

陳：還有嗎？

王：…

陳：我看到你做改變所需要釐清的輪廓也慢慢清晰了，你

願意將它寫下來嗎？我們再來進入另一個主題「如何選擇適當
的道路走出去」。

我的 VIA
• 強化：創新的能量， • 放下，捨棄：我說了才算的威權，大家長式的管理和領導，太多的新點子而沒有過濾和實踐… • 學習：團隊建造，跨部門合作，傾聽的技巧 • 創造：創造一個合力共創的環境，將新點子轉化成為我們的產品或是服務

"改變的策略選擇（GROWS 2.0）"

我們常說「不是前面沒有路，而是該轉彎了」，轉彎需要
訂定改變的策略，如何改變？讓我們使用 GROWS 2.0 模型，
它的內涵是：

- Goal：我要達成的目標和願景。
- Reality：在現實的環境下，我目前的境況如何？

GROWS 2.0 模式

6 RM
Right Man and Members
有對的領導者及團隊
Right Motives
對的動機
Right Moment
對的時間與機會
Right Model
好的策略
Right Method
好的實踐方法
Right Management
好的管理

Will, 決心 意志力

Stakeholders, 支持者

選項1

選項2

GOAL 目標

Reality, 現實狀況
Resources, 資源
Restriction, 限制條件
Role & Responsibility, 角色與責任

- Options：為了達成目標，我有那些可能的選擇呢？需要做什麼？不做什麼？

- Way & Will：我的選擇我負責，我的承諾和決心

- Stakeholder: 我的支持者，團隊夥伴

- 2.0 是代表有六個必須考慮到的細節作為檢驗基礎：Right Man（我預備好了嗎？）、Right Motives（我改變的動機對嗎？）、Right Moment（改變的時機對嗎？）、Right Model（策略對嗎？）、Right Method（執行方式對嗎？）、Right Management（管理方式對嗎？）

這是 OMG（Objective, Means, Gain；主題，方法，期待產出的目標）的思路；為了達成目標和期待的產出，我們有哪些可能的選擇，哪一個又是最佳的選擇？

陳：我們可以再回頭來釐清一下，我們在做什麼事呢？主題是什麼呢？

王：就如上次討論的，我的教練主題是「重建我個人的領導風格」，願景是「因著我的改變，我們會有一個高活力高創新團隊，大家願意承擔更多的責任，讓我們更享受工作的樂趣和意義」；這樣說具體嗎？

現實的景況就如教練上次訪談的報告，不忍卒睹；我有哪些選擇呢？找過顧問和專家，效果都不大，他們所說的我都知道，但是做不到，我現在唯一的選擇就是「教練」了，這是我的選擇，我相信只要我遵循走在教練你的道路，我會看到希望，走進我的理想境界。

陳：在改變的過程中，我的教練模式裡有一組關鍵人物，叫「支持者」，你願意了解他們是誰嗎？又如何運作呢？

王：請說。

" 支持者介入的價值（來源：SCC）"

陳：我們查驗自己的動機，但是卻批判他人的行為，你認同嗎？

王：不是特別清楚，你能解釋一下嗎？

陳：我們查驗自己的動機，但是卻無法查驗自己的行為給他人的感受；所以常常會自我感覺良好；我們很容易批判他人的外在行為，但是不願意理解對方行為後面所隱藏的動機；這是我們共同的盲點。領導人也是有這個問題，你覺得該怎麼辦？特別是在關鍵改變的時刻。

王：嗯，這可能會有大問題，因為你曾提過領導就是「要感動，要帶心，要接納，要能贏得尊敬」，那我們該怎麼做呢？

陳：這開始我們進入教練流程的第一步，我不只是告訴你我們做什麼，該怎麼做？還同時和你分享它後面的架構，為什麼它會有效。用教練式領導力來建立一個人的領導風格，我們要協助領導人在自己良善動機外面所陳現的行為，我們需要設立一些「鏡子」，讓他自己能看到自己的行為；這些鏡子就是在他身邊的人，我稱他們為支持者（Stakeholders），我待會兒再來解釋他們扮演的角色和責任，哪些人最合適？又是如何來遴選這些人？你認同這個設計架構嗎？

王：這是一個新的開始，以前都沒有想過的經歷。

支持者的鏡子

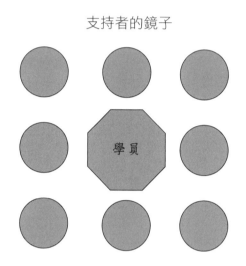

陳：你覺得這樣的設計，還有什麼優點呢？

王：這個高度我以前沒有走過，請直接告訴我！

陳：你認為一個想做改變的人，自己悶著頭秘密的努力自我改變，他最後改變成功的機會有多大？

王：哈哈，這我懂了，我自己有過戒菸的經驗，自己決心戒了好幾次，目前還是偶爾私下會抽一下，還是戒不了。

陳：那你認為要如何做，才能幫助你戒菸呢？

王：這個我不懂，你能告訴我嗎？

陳：我舉一個非常成功的案例給你參考，就是「戒酒協會」，除了靠自己的承諾和毅力外，他們成立一個協會，當酒

癮發作而受不了時，你需要外在的協助，陪伴你走一程，我們需要外在的陪伴者和支持，幫助我們走這個轉型路；戒酒協會（AA：Alcoholics Anonymous Association）的「12個黃金法則」也清楚的告訴我們如何除去身上的癖好或是壞習慣，必須先承認自己的軟弱才能尋求外來的協助，改變也才能成功，我們改變一個習慣也是如此；改變的動力來自兩個泉源：一個是內在的改變力量（inside out），另一個是外在的支持和陪伴（Outside in）。

王：啊哈，我懂了，這些支持者也可以是陪伴者，我也想到「大丈夫一言既出，駟馬難追」，好似也有這個味道，對嗎？

陳：你說的對，你是開竅了；所以在找尋支持者人選時，我們需要特別注意這些面向，才能成為真正的幫助者；好了，我們來談談支持者的資格，角色和責任，以及如何來開展進一步的行動，這是一些基本的思路和架構：

" Outside in : Stakeholder ／支持者 "

在學員身邊選擇並親自邀請幾個你自己信得過的支持者來支持你針對教練的主題做改變，他們不是教練隱藏的探子而是你自己設立的鏡子，以觀察和支持你的表現。究竟支持者要

扮演什麼角色呢？他們需要有什麼資格呢？如何選擇你的支持者，又需要多少個支持者呢？

支持者的角色

- **傾聽者**：你（學員）的教練主題是什麼？你的動機是什麼？你想達成什麼目標？你計劃如何達成目標？如何評估呢？這是一個夥伴關係。

- **觀察者**：你（學員）有說到做到嗎？你觀察到什麼行為或是現象？描述所觀察到的事實而不做任何批判。

- **支持者和挑戰者**：當你面對困難時，能及時的提供心靈上的安慰和支持，鼓勵繼續往前行；當你安逸下來時，給予實時的挑戰和激勵。

支持者的資格

- 體驗過「教練式領導力」培訓的人，

- 和這個教練主題最有相關的人，

- 能被學員信得過的人，

- 能保守秘密的人，

- 關心並承諾幫助你成功的人，

- 正向積極，願意給予坦誠的陳述事實的反饋

（Feedback）或是前饋（Feed-forward），而不是雞蛋裡挑骨頭常批判的人，

- 是一個好的傾聽者不是告訴你「你應該…」的人，不做批判而讓你受傷的人
- 能就近觀察到你行為表現的人，而不是靠聽說。

要多少支持者呢？

人數不是重點，而是如何建立一個網絡來觀察這個學員的日常行為？依據他的職責特色，有些人的涵蓋範圍廣，可能就在每一個重點團隊建立一到兩個，但是基本的精神是能做有效的觀察學員的日常行為表現，我們最常用的建制是六到八人，包含直屬主管他的同事和下屬。

有個案例，我曾協助一個高階主管做「情緒管理（Anger management）」，我就邀請他的妻子加入這個團隊，一起來協助他，效果非常的好。

如何決定最後的名單？

如何避免找自己的哥兒們，同聲同氣只會說好話的人，這是人性的弱點，在制度面需要再補強，否則還是效果不大；我們的做法是將這個名單由 HRD 和直屬主管再看一次，是否符

合這些精神：「多元，均衡，組織裡 360 度的人選，團隊裡敢於說真話有鯰魚精神的人」；我曾給一位學員挑戰，邀請他在組織裡潛在的競爭者做支持者，效果也是非常的棒。

　　王：我想到要邀請我的三個主要幹部，兩個中階幹部和人資主管，我還想邀請董事會的兩個成員參加，一個是外部專業董事，一個是外部會計師，總共八個人，他們都是非常合適的人選。

　　陳：這很好。

◆ 支持者的邀請承諾和溝通

　　這是學員開始向外啟動教練的第一步，這也是關鍵的一步，我們期待學員針對最後的名單親自邀請支持者，除了說明自己教練目標之外，最重要的是邀請對方成為自己的支持者，在邀請時的關鍵詞是「我要改變，請你幫助我」，許多高管開不了口，特別是對屬下或是內部競爭者，這是「學習謙卑和痛」的開始，有痛也願意走上這條路就對了，無法開口的基本上無法改變成功，它需要組織文化支持，讓主管們敢於展示自己的脆弱，為了讓平常高高在上「我說了算」的主管能做到，我們在系統的設計上是讓他找到自己的支持者，在他自己的安全範

圍裡開始，除非他願意接受挑戰，選擇一條更高更困難的路。

在邀請的對話裡，要清楚的解釋支持者的角色和責任，除了觀察，還需要參與每一個月的反饋和前饋對話，這個細節我們下一章再談，並且要接受教練的私下個別訪談，待對方同意後，教練會發一封正式信函給支持者，它的內容基本架構是：

敬愛的 _____（支持者）：

我很榮幸的成為 _____（學員）的教練，我感謝你接受 _____ 的邀請成為他的支持者，請容許我針對這個教練專案和你的角色做一個簡單的說明。

_____（學員）的教練主題是 _____。我和 _____（學員）要誠懇的邀請你實時針對你所觀察到的真相給予回饋，_____（學員）會每一個月定期的來徵求你對他過去30天的反饋以及你對他接下來30天的專注目標有何建議，你的反饋和建議對他非常的寶貴，針對他的報告，我會和他一起研究討論下一階段努力的目標；在這個專案開始以前，我會邀請你給我一小時的時間對你做一次的訪談，我希望藉著這次的訪談理解 _____（學員）在這個主題你個人所觀察到他目前的狀況，這個訪談內容是保密的，我會將所有的訪談內容不具名的整理成一份報告，再和 _____（學員）以及他的主管討論

討論一次，來確定這次教練主題是有意義的，所以你的訪談內容對我和 _____（學員）都有非常重要的意義。

在三個月後，我會用電子郵件或是電話和你簡單的採訪，是否你感受到 _____（學員）的改變和進步，並請你給予一些建議；基於這些反饋，我們有可能再修改教練的主題和評估指標。

在專案的末了，我會再和你面對面做一次深度的訪談，依據事先做做的評估指標，來聽聽你的看法。

以上是教練流程的簡單介紹，支持者扮演的角色簡單但是它所展現的價值很高，我先感謝你的支持和參與，我再來和你約時間，開啟第一次的訪談對話。

感謝你。

陳教練

◆ 支持者問卷設計和訪談

訪談的目的是收集有關學員在教練主題的第一手資訊，而不是靠外來的資料，我有個高管教練的個案，一個 CEO 在一個「領導力內部 360 度評估」的報告裡得了非常高的成績，他自己也非常滿意，但是當我直接做一對一的訪談時，得到的資

訊卻是大相逕庭。

　　我問幾個參與者為什麼先前給他的主管這麼高的評分？他們的回答讓我震驚！「我怎麼知道誰在看這個報告？」這是在沒有安全感的氛圍下做的測評，當然準確度就會相對降低，身為教練我必須自己親自做訪談，傾聽感受並釐清他們的看法，甚至聽出來他們想說但是沒有說出來的話；教練在每一次的對話前要事先告知被訪談的人，所有的談話內容都是保密的，內容將會被完全打散成為一個報告，不會特別具名誰說了什麼話，目的是幫助教練學員找到他改變的著力點。

　　訪談的問卷必須要配合教練的主題「如何建造個人的領導風格」來開展，目的是收集有關教練學員（Coachee）在這些支持者心目中的狀態，特別在這個教練主題上。

　　在王董的這個個案，我特別設計這個圖表內容，作為訪談的基礎，針對每一個主題，我探詢：「你認為他目前的狀態在哪裡？面對未來組織發展願景的需求，他哪些能力需要強化，哪些需要捨棄或是改變？你理想中的新狀態在哪裡？哪些是他和整個團隊需要新學習導入的？哪些需要被重新建造？」

A. 訪談的安排
原則上安排和支持者一對一對話，針對以上的問卷來採

訪，一個人以一小時為原則，中間留出半小時做記錄的整理；如果支持者提供深度的訊息，時間就不是特別的關鍵了，我們要的是第一手，關鍵性的資訊來幫助我們了解學員的狀態。

B. 訪談報告

這是我訪談這八個人的報告，我單獨向王董匯報。

陳：王董，你對這份報告的感受如何呢？

王：在經過過去幾次和教練的交談後，我自己知道需要改

支持者訪談報告

- 高度的管理紀律，這是組織最重要的資產
- 家庭式的企業文化：老幹部有經歷過革命感情，可以理解「愛之深，責之切」的道理，對年輕員工就太沉重了。
- 老闆管得太細了，高階主管被架空了，沒有施展的空間，員工還會問：「這個決定老闆同意了沒？」
- 老闆想法太多太快，跟不上，沒有心情談創新。
- 執行力導向的組織，新人留不住。
- 各部門太獨立，在做績效競爭，無法合作。
- 執行力強，但是對員工沒有尊重，激勵制度就是一板一眼，照著制度走，沒有溫度。
- …

變的地方非常的多，在上次你要我掛出「領導力施工中」的招牌後，還有許多人來問我，這是怎麼回事呢？我認同他們所說的，這裡有千頭萬緒，我們由哪裡開始呢？

陳：你說千頭萬緒，我忽然想到一些生命的體驗，說來和你分享。

一個好醫生面對感冒發燒的病患不一定會要他吃藥，而是告訴病患多喝水多休息兩天後就會好了，休息才是最好的解藥；我有一次背痛得厲害，無法開車，醫生只告訴我每天喝 3000 CC 的淨水，喝茶喝咖啡不算，幾天後自然好了；颱風時洪水氾濫，許多的問題不在下水溝排水問題，而是上游的水土保持；我們常說「主管的善意對員工不一定有價值」，不是改變主管的善意而是多了解員工的期待；我曾協助一個高管處理他的「情緒管理」，不只是協助他如何壓抑住憤怒，而是協助他釐清為什麼生氣；高管教練的主題要找到最深的著力點，然後才開始「一盞燈，一席話，一段路」的教練旅程。

王：如果我理解你話的意思，你是要我專注在根本的建造，就是建立我個人優勢的教練式領導力，而不是外在的這些行為和現象，對嗎？

陳：你說的是；針對這次的訪談，你覺得需要再來修正你的教練主題嗎？

王：我認為它還是很合適，教練你說呢？

陳：我也認為合適，在開展下一階段的教練對話前，我來分享我們今天在做什麼？後面的教練架構是什麼？目的是什麼？讓你能更清楚的理解我們一起走過來的路徑；今天，我們只做一件事，「釐清教練主題」，我們不針對感冒發燒給藥，我們要幫助你如何好好休息保健身體；不在做如何防止颱風，而是專注在上游的水土保持，不再有水患。有許多的案例告訴我們，教練的價值在面對根本的問題，找到潛在能力，才能走出機會和希望；所以有可能在這個時候，我們會和學員再一次的修正教練的主題和目的；事先多花些時間來探詢，方向要正確，執行起來它的果效就大了。今天這個對話的流程，你有什麼感受呢？

王：第一是「精準的方向」，其次是「要取得員工的信任」，他們才會說出心裡的話，這是我好久沒有感受到的，有些感慨，但是現在想一想也是合理，就如他們所說的「沒有溫度的領導」。

陳：還有嗎？

王：我還是千頭萬緒，沒有著力點。

" 跨出第一步 "

陳：這就是我們再下來要談的主題「如何跨出第一步」，許多老闆認為「說完就做完了」，教練要再給你一個挑戰，你會怎麼做？需要更具體的重點，好似房間的開關一樣，要能一點就亮，哪些是你專注的重點呢？

價值飛輪
-BIG 4-

王：教練，千頭萬緒，有太多太多的事待辦，怎麼辦？

陳：我有一個架構叫做「價值飛輪」來幫助你釐清，你只能列出前四大專注的主題，那會是什麼？在每一個主題上，你會怎麼做？又如何來檢驗你的進展呢？

王：我明白了，我來想想…，我心中有四個大主題：第一個是發展我自己的教練式領導力，再來培育我們的幹部；第二個是強化我的同理對話能力，能感受和對期待能及時採取行動；第三個是建立一個創新的團隊文化，創新是我們的競爭力；最後一個是團隊建設，這會是和今天不一樣的團隊；我們必須轉型，由我自己做起。

陳：你慢些說，在每一個主題上，我們如何來評估你的進展呢？

王：這有點…他拿起筆，在桌上的紙上寫著寫著…，最後他說話了，

王：這是我目前能想到的——

教練式領導力

- 員工對我個人和團隊的信任度和投入度（Engagement 或叫敬業度），
- 管理和領導力間的平衡運用（權力與愛的均衡）
- 活出我自己的領導風格。
- 我的領導風範（態度，信心，主導，決策，溝通…）

同理對話

- 我傾聽的態度會影響員工分享的深度（我傾聽的態度先調整）
- 我能夠清楚的傾聽到員工的感受需要和期待。
- 針對員工的期待，我能及時的採取行動。

創新的組織文化

- 我不再隨意丟出新點子，要憋住氣，待成熟些再找到對的時機說出來，先學習自我節制，員工才有機會參與創新。
- 員工願意公開分享他們的想法，公開討論和辯論。

- 想法多了，我們激勵，篩選和導入實踐機制有完整的配
  套嗎？

團隊建設

- 經由領導力工作坊，檢視目前團隊的氛圍以及和理想
  氛圍間的差距，
- 我們的文化溝通得夠清晰嗎？
- 我們的管理和領導模式，夠清晰穩定嗎？
- 我們的人才培育機制夠透明嗎？員工知道他們未來的
  機會和發展方向嗎？
- 公司和個人的目標具有挑戰性嗎？激勵機制合理嗎？
  有吸引力嗎？

……沒有了。

陳：哇，你的思路清楚，只是好奇，你會自己幹還是授權？

王：這次的改變或是轉型，必須我自己操刀，自己主動才
會成功，因為改變的根源在我自己身上，但是待他們對我自己
的改變「有感」之後，讓他們感受到這是真的，我再來邀請幹
部們的參與分工，會先給他們培訓和體驗，再來和他們說清楚
講明白，大家分頭去做，每一個月碰頭一次，希望在六個月後

能看到一些成果，經過這次的對話，我不再混沌了，我熱火上身；教練，再下來呢？

陳：你不要急，今天我們討論的時間也差不多了，除了你的四大行動綱領之外，人說「好酒沉甕底」，我也要請你回去想一想；「建立你個人的領導風格」的幾個重要元素；我的問題是：「你的品格」特質是什麼？「你的天賦才能」是什麼？，如何在組織內著力？組織對你的期待又是什麼？面對組織新願景，你需要新長成的能力又是什麼？

王：哇，這都是個有挑戰性的問題，我喜歡，給我時間想想。

陳：在結束這次的會談前，我來和你分享我們的教練流程，讓你不會因為談太多而昏了頭，你參考一下這個圖表。（見下頁）

我們兩週後再見，我們互相擁抱後道別。

釐清教練主題流程

流程	行動	負責人
1	喚醒，釐清 一對一對話	學員，教練
2	支持者 (Stakeholder) 的選擇和確定	學員，HRD，主管
3	支持者的邀請和接納	學員
4	和支持者的溝通	學員，教練
5	教練訪談支持者（一對一面談）	教練
6	訪談報告	教練
7	訪談報告討論，重新確定教練主題	教練，學員，主管，HRD
8	發展著力點和如何評估成效	學員，教練
9	和支持者溝通觀察的重點	學員
10	啟動教練對話（一盞燈，一席話，一段路	學員，教練

家庭作業

建立你個人的領導風格

* 「你的品格」特質是什麼？
* 「你的天賦才能」是什麼？
* 如何在組織內著力？組織對你的期待又是什麼？
* 面對組織新願景，你需要長成的新能力是什麼？

" 一場組織變革的教練對話 "

兩週後的週一早晨 0715 AM

王：教練早，你還是早到了。

陳：王董早，你也是早到了，只是好奇，你早到的習慣維持多久了？

王：就是我們上次的見面吧，就你所說的，這是一個改變的自我承諾，就由改變一個習慣開始。

陳：這是一個簡單但不容易做到的挑戰，對你的毅力我有信心；也是好奇，針對我們上次所談的主題和功課，你自己的反思和行動有進展嗎？

王：教練給我的架構清楚明瞭，我也非常的認同這是我著力的方向，有些地方我找到著力點了，但是有些部分還是看不清楚，需要教練的引導。

陳：你願意先來說說那些地方你已經清楚，找到著力點的？

王：我教練的目標是「建立一個活力創意十足的團隊，主管們願意參與並承擔多一些責任」，我的想法是「先改變我自己的領導方式（Be the change），同時設計改變（Design to change）組織氛圍」，檢驗的標準是：

- 績效成長，
- 系統整合的綜效：透過跨部門和團隊間的合作，
- 創新產品：創造自己的優勢產品，軟硬兼施。

　　我自己知道我的品格特色是「溫暖，願意幫助人」，我的天賦才能是「創新」點子多，我還沒釐清「我個人如何轉變？又如何幫助組織內的人才轉變？」這要請教練帶引。

　　陳：你已經跨了一大步了，你有否注意到，你已經清晰的主題就是你所熟悉和專長的內容，這是經營力的領域，只是你以前沒有注意罷了；至於你所沒有釐清的部分，這是另一個領域，許多的領導人還沒有太多的涉獵，這是「領導力」的範疇。

　　王：我明白了，

　　陳：你提出兩個主題，一個是「**你個人的轉變**」，另一個是「**組織內人才的轉變**」，你個人的轉變是我們這個教練的主題，我們會多花些時間來談，今天我們花點時間來討論「如何幫助員工轉變」這個課題，好嗎？因為這個部分我相信你有經驗和想法，這是需要再一次的印證，並有勇氣走出來而已；先談並不代表要先改變他們，而是「因著你的改變，來帶引他們一起跟著改變」，你自己的改變還是最為關鍵。

　　王：好啊！我理解我自己改變的關鍵性。

陳：好的，我們先來專注「組織內部人才的改變」這個主題，你能告訴我，你公司目前是怎麼做的嗎？

王：我們在做的就是培訓吧，找外面的專家針對我們所需要的主題來上課，有定期的專家演講，也有特別的專門課程，都是以工作坊的方式來舉辦，我們也有導師制度，我不知道是否是你們心目中的導師？

陳：你的人才培育計劃是一視同仁呢？還是有差異化的機制來培育人才？

王：我以前沒有插手，我也不知道，你的問題倒是讓我知道，我們還是將培育人才當作事情在辦，沒有考慮到人的個別差異和需要；教練，你能幫助我嗎？

陳：我待會兒來介紹一套我自己研發出來的「人才培育」架構「Ｎ型領導力」，我們再來討論如何應用到你的組織好嗎？我們的目標是培育出「活力，創新，參與，貢獻，價值」的團隊成員，對嗎？請允許我先來介紹如何運用你的優勢來建立組織根基。

" 組織裡的基礎建設 "

你自己要先問自己：「哪些事是只有你才能做的？哪些事

主管們可以處理？」專注在只有你才能做的事，其他的事，要懂得如何培育人才，授權和賦權，讓員工和主管們變得更重要。以下兩個圖表是談「組織氛圍，組織疆界」的建設；我們都認同組織的氛圍會影響員工的行為模式，「主管傾聽的態度會影響員工願意分享的深度」，諾基亞的失敗原因之一就是「組織恐懼症」，員工對市場的反饋主管不愛聽，最後就不說了，最後企業就失敗了。如何建設一個積極有正向能量的組織氛圍，「權力與愛」是領導人特有的資源，不只是要使用權力，更要有愛和包容，建立一個安全的氛圍，創新才可能滋長。

　　「建立組織疆界」是領導力的基礎，它涵蓋了領導人所需要負責的 R&D, 有績效更有發展；這是一個無形的組織疆界，在這個疆界裡，員工是安全的，就是舞台，可以盡情的展示自己的能力。它包含四個面向：

- 　**組織的使命，價值觀和願景**：用白話文説就是「我們是誰？我們做什麼，不做什麼？我們要往哪裡去？」，在一家有目標有方向有未來的組織，你會覺得安全嗎？
- 　**管理和領導模式**：我使用過「權力與愛」的模型來解釋，如何拿捏？這是智慧，也會大大的影響組織內部的氛圍。

- **組織架構和人才**：這是「設計改變」的一環，如何邀請對的人上車，如何培育他們？如何將他們放在對的位置上授權賦權？如何建立組織架構？

- **期待績效和評估機制**：這會引導員工對重點的專注，KPI是一種方式，但是KPI偏重在短程，數字化的評估，可能會忽視較長期，軟實力的績效成長，領導人所訂定的指標會讓員工的行為往這些方向傾斜。

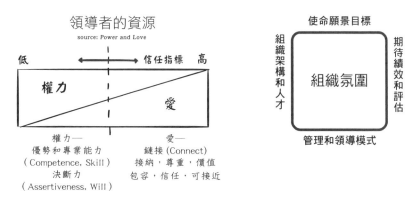

領導者的資源
source: Power and Love

低 ←→ 信任指標 高

權力　　　　愛

權力——
優勢和專業能力
（Competence, Skill）
決斷力
（Assertiveness, Will）

愛——
鏈接（Connect）
接納，尊重，價值
包容，信任，可接近

能使用愛時，絕不用權柄——謙卑
需要用權柄，絕不逃避——勇氣
愛是一切行為的總綱——紀律

使命願景目標

組織架構和人才　組織氛圍　期待績效和評估

管理和領導模式

陳：這段的說明，對你有什麼感受呢？

王：組織氛圍的建設清楚的告訴我自己沒有做好領導人的責任和角色，權力與愛告訴我，這是我可以開展的舞台，我不喜歡太過專制，還是希望員工能與我共舞，我的改變，可以強化我在「愛」領域的比重，這是我的機會。

陳：你開竅了，你會怎麼做呢？

王：…（略）

"你關心他人的需要嗎？ 人才馬卡巴（Mer-Ka-Ba）"

陳：依照你的人格特質和天賦才能，我再來介紹幾個你在改變時需要的知識能量給你參考，好嗎？

王：教練請說。

陳： 管理導向的企業大多是一條鞭的培訓，希望每一個人的言行和思想都是一樣，好似軍營，所以會是「老闆說了算，使命必達」，在這類的團隊裡就不再有太多個人的想法和聲音；今日我們期待的是「有想法，有創新」不同聲音的團隊，所以我們的做法要不同，除了組織的使命需求外，我們要需要理解每一個人的個人的需求是否能和組織的使命和需求接軌，在組織的成功基礎上，個人的需求也能得到滿足；否則對於這個組

織，這個人就不是對的人；要建立活力團隊，第一步是「邀請對的人上車」，否則後續要做到努力都是白費甚至是浪費。

在做「團隊教練」的活動前，我會訪談參與的人，這是幾個關鍵問題：

- 你覺得這個團隊的整體表現如何？（1-10分）
- 你認為那些地方可以做得更好？前三大。
- 如果每一個人只做一件能幫助團隊改變的事，那會是什麼？
- 在這個團隊，你使用多少的潛能？（　）％
- 你願意參與這個改變計畫嗎？你自己會做什麼改變？

人才馬卡巴
Mer-Ka-Ba

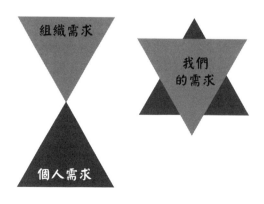

" 領導者的新角色：牧人，師傅，導師，教練 "

　　最強的領導力在於「感動領導」，如何讓你的團隊成員對組織使命願景有感動，再來參與每一件為達成「使命願景」的工作參與奉獻？也讓每一個員工有成就感？每一個人的需求不同，能力不同，心態也不同，你如何來領導他們呢？我有一個簡單的圖示，你如何使用這些領導的技巧來帶引不同的員工？對那些人，你會在前，左右，後領導他們？當你的角色是員工的「牧人，師傅，導師，教練」，你的行為會有點不同。 舉個例子來說，當一個員工找主管來討論一個問題時，作為主管的你會如何回應？在管理導向的組織裡，就是告訴他如何處理就

教練式領導力
牧人 , 師傅 , 導師 , 教練

好了，如今我們期待的不是這樣，我們希望員工能學到解決問題的能力，所以會針對不同的人，我們會有不同的方法；你認同嗎？

" N 型領導力 "

在討論完教練式領導力主管的新角色之後，我們再來看新情境領導力，我設計為「N 型情境領導力」，在不同人和不同

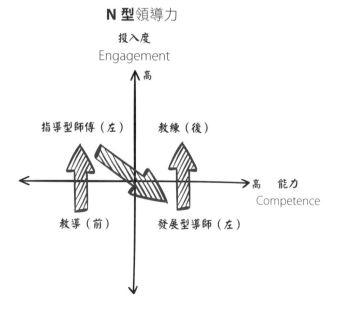

N 型領導力

投入度
Engagement

高

指導型師傅（左）　　教練（後）

高　能力
Competence

教導（前）　　發展型導師（左）

的情境，主管要使用不同的方法來協助員工達成使命，也能長出能力。我將它分成兩個軸：能力和對組織的投入度，參與度，敬業度，更極端的，也可以說它是忠誠度。對兩者都低的員工，我們就是用教導的方式，讓他們能盡快進入狀況；對於能力低可是對組織投入度高的人，我們投入指導型師傅，讓資深的員工來帶引學習；相對的，對能力佳但是對組織的投入度不高的人，教導不再有效，而是用發展型的生命導師，幫助他們釐清心中的疑惑，走出陰霾，看到希望；對於有能力也高投入的員工，這更是人才投資的最佳目標人選，這就是教練的領域，可以有內部教練和外部教練的選擇。

◆ 導師（Mentor）

　　導師可以分成「指導型的業師（Learning based mentor）」和「發展型的導師（Developing based mentor）」，前者專注在能力的學習和建造，這是直屬主管的責任，主管可以自己或是委派一個資深員工成為這位新人的「指導型業師」；另一個層次是「發展型導師」，員工可能對組織，主管或是團隊成員有意見，產生的猶豫和挫折在在的影響這個員工的投入度，這時候最佳的選擇是在組織內找一個「引導型導師」來協助他走出陰霾，它成功的關鍵在於「異子而教，

隔代相傳」，不要再直屬老闆的體系，要差至少兩個層級，給他引導，而不是指導；在組織裡，這都是非常重要的人才培育方式。

陳：好了，這個主題我陳述完了，這是依據我們上次「教練式領導力工作坊」內容的延伸和實踐，你的組織目前在那個階段呢？

王：教練說的簡單但是要做到不容易，我自己感覺很棒，這就是我看到的願景，我個人覺得，我們目前還是在2的階段，知道有感受和體會，但是還沒開始入門，我們要自己加油啊！

陳：我看到你的感動和激動，這還不夠，我要看到你的行動，我們暫停一下，反思這段落的學習，你想到什麼？會做什麼改變？我在說時你也寫了許多的筆記，你願意說出來嗎？

王：謝謝教練，這是我的筆記和一些想法，還沒成熟，但是這是我的感動。

陳：你都抓到重點了，你繼續發揮，我喜歡使用 RAA 的學習模型，它代表反思，轉化應用，行動；沒有行動的感動是死的，沒有價值。今天我們談的為了達成你轉型的目標，作為一個領導人你需要扮演那些角色承擔哪些責任。針對你的筆記，你先安靜一下，也找到你自己的著力點，開始在組織裡「設計改變」好嗎？我們下一次來就開始討論你自己的改變，好嗎？

我的筆記

- 作為一個組織領導人，我負責經營也負責領導；不可偏廢；我較熟悉「經營」，「領導」需要更謙卑的學習。
- 我要達成的目標是「我個人的轉變」，另一個是「組織內員工的轉變」；組織內員工的轉變起始於領導人的轉變。
- 目標是建立「活力，創新，參與，貢獻，價值」的團隊。
- 找對的人上車。
- 領導力開始於對員工個人需求的認知，才能合力共創。
- 不同的員工，在不同的情境下，需要有不同的領導方式。
- 領導人需要有幾把刷子，要學習做「牧人，師傅，導師，教練」，這都要學習。

有些主題會比較深入而敏感，不要被冒犯哦！

王：哈哈，我邀請你做我的教練，就是在等待那一刻，你的書裡有說過「教練就是那一道光，照亮人們心中的盲點」，我預備好了，教練！

" 堅毅的力量 "

　　陳：這幾次我們聚會的時間都是在一大早，你這個習慣還能堅持多久呢？

　　王：早起對我不是問題，針對對的事的堅持也是也是我的強項，我會繼續下去，直到它成為我的習慣。

　　陳：在建立一個新的習慣時，許多人用的是耐力，就是堅持不懈的做，讓它成型在心中；教練使用的方法不同，我鼓勵在這個新的習慣裡頭找到它的意義和價值，它對你有什麼意義和價值？同時你要對舊的習慣感覺厭惡，渴望離開它走到新習慣的領域，這就是我所說的「讓改變發生」的竅門。

　　王：哇，這是一個新的思維，我來想想，早起對我有什麼好處？我必須早睡，早上有段安靜的時間，可以晨運，到社區走走，會有時間吃早餐…好，這個新習慣我是要定了。

　　陳：這是一個很好的練習，許多人無法早起，會給自己許多的理由；另一批人也告訴自己不可能回家吃晚飯；只有少數人告訴自己我希望能達成這個目標，我來想辦法，如何能讓改變發生？有哪些可能的攔阻我必須先挪開？這是一個挑戰，但是挪開後，就看到一片新的境界，那就自由了，人就開始有創意創新的能力了。

　　王：要開始早起是有點困難度，因為許多的時候晚上都會有交際應酬，會很晚才回家，現在，我要開始想想「如何讓早起發生？」有哪些困難要移除？有許多是來自我自己的心思意念，一念之轉可能就辦到了。

　　陳：我看到你開竅了，不只在行為面，更在心思意念的層面，這就是教練的價值；我們可以回來上次的主題嗎？你在過去兩週做了些什麼改變嗎？

　　王：除了我自己的自我反思外，我和蔡協理也花了許多的時間討論，在人才的培育上，我們需要做什麼改變？我們的目的是改變組織氛圍，達成一個「活力，創新，參與，貢獻，價值」的團隊。找對的人上車對我們是個大的挑戰，在人才培育的幾個機制和角色，我們會更深入的來發展，也請教練來指導我們；還有激勵機制也需要調整，我知道，最重要的關鍵還是在我自己的改變，教練，我預備好了，我們開始吧！

　　陳：很好，我觀察到你的心情，迫不及待要開始這個轉變流程。容許我再給你幾個挑戰：針對今天討論組織的變革，哪些是你最有感動的主題？你會如何採取行動，讓這個改變發生？

RAA 時間：反思，轉化，行動

組織變革

- 哪些是你最有感動的主題？

- 你會如何採取行動，讓這個改變發生？

6 章

一席話：感動生命，進入教練深水區

我們常用動機來省察自己，卻用行為來評斷他人

EXECUTIVE COACHING
LEADERSHIP ACCELERATORS
FOR HIGH LEVEL MANAGNERS

（兩星期後…）

王：教練早！

陳：早，王董，你今天看起來精神很好！

王：昨天和家人一起去爬山，之後我們一起聚餐，非常的舒暢，身心靈都得著飽足！哈哈；今天是否就由上次的作業開始談？

陳：且慢，我知道你會急著談那個主題；讓我先來談另一個主題，這是多數領導人最容易忽視的，唯有將它談開了才有機會做個「真誠領導人」，我們上次提到過「**我們常用動機來省察自己，卻用行為來評斷他人**」，你還記得嗎？你認同嗎？

王：這個我還是不太明白，你能再詳細說明嗎？

陳：你看這張圖片，可能比較容易明白；有圓錐體，球體，圓柱，它們代表不同的動機，可是如果光源由上頭照射下來，底層都是圓形；它說明，人的動機可以不同，但是因為在一個特殊的情境下，投射的光源角度不同，它們的行為有可能是一樣的。好似在一個團隊裡的員工，他們參與團隊的外在行為可以都是一樣的，但是每一個人參與的動機可能都不同，有些人是為薪資而來，有些人則因為好的企業名聲而加入，有些人可能在這個工作上找到自己生命的意義；教練式領導力談的是「不

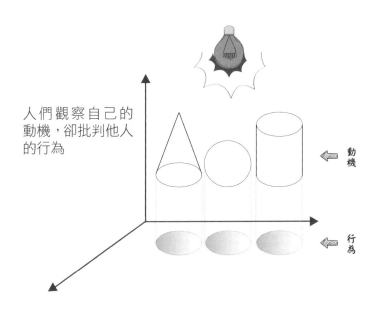

人們觀察自己的
動機，卻批判他人
的行為

動機

行為

要只關注外在的行為，要能夠理解每一個人心理的動機，來帶
動每一個人的積極性」，這是領導力的第一課。

　　王：哇，這樣我就明白了，但是怎麼做到呢？對我還是很
新鮮。

　　陳：我再給你看一個圖，「**外在環境和氛圍會影響一個人
的行為**」，在不同的光源和角度，會有不同的行為呈現，這是
領導力的第二堂課。

　　我們每一個人的內在心思意念也會影響我們的外在行

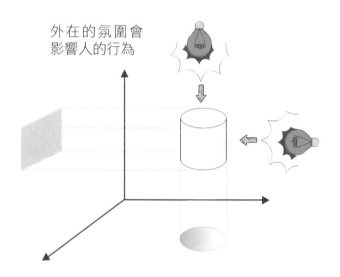

外在的氛圍會
影響人的行為

為，我將它歸納為 FAITH 模型；它代表：Filtered, Agenda, Ignored, Too details, Hot spots（過濾扭曲，別有目的，忽視，見樹不見林，熱點吸引）；作為一個領導人，因為我們的 FAITH 也會誤導我們對員工的行為觀察，那更不用談理解對方的動機了，在私底下會貼標籤，批判，不願傾聽，不信任…等；我們的心思意念和態度會決定我們所能看到的和感受到的世界；這是許多領導人無法跨越的盲點。

王：教練，你在說我嗎？我心裡好扎心，這就是我啊！

陳：這不是針對你，而是一般領導人的盲點，你不是唯一。

FAITH

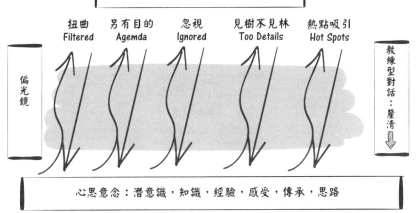

偏光鏡

| 扭曲 Filtered | 另有目的 Agemda | 忽視 Ignored | 見樹不見林 Too Details | 熱點吸引 Hot Spots |

顯意識，覺察，分辨，使命，目標

教練型對話：釐清

心思意念：潛意識，知識，經驗，感受，傳承，思路

　　王：那我該怎麼辦？如何離開這些盲點？

　　陳：這是一個全人教練的旅程，由自我的修練開始，第一個能力就是使用「A.C.E.R」教練模型，你可以再回頭查驗它的內容。「覺察（Awakening），釐清（Clarification），選擇（Choice to Change），行動（Action），反思（Reflection）」，要有個清醒的腦和火熱的心來觀察你所面對的情境和人，以後針對你所面對的情境，我們再深入的來談如何使用這教練模型。

　　其次，就是今天要談的主題「建立你個人的領導風格」，

A.C.E.R 全人教練模式
教練是喚醒生命，協助改變

這也是一個領導人的關鍵自我修煉。上次有給你做功課，待會兒在談你的反思結果，我們先來看這個系統模型，你就可以理解每個主題間的連結性；這是我多年來的研究和實踐後所沉澱出來的模型。

王：你能簡單的為我解析這架構嗎？

陳：管理是科學，領導力是藝術，因人而異，所以無法在課堂裡傳授，這要靠個人自我的體會和修煉，這也是教練專精的領域；我所特別強調的是「個人獨特」的領導風格，我們無法使用他人的方法，但是可以學習對方的精神再轉化應用；開展個

建立你個人獨特的領導風格
DEVELOPING YOUR
SIGNATURE LEADERSHIP STYLE

人領導力，開始於理解「我是誰？我願意做什麼不做什麼？我
要到那裡去？這就是使命，價值觀和願景」，不同的動機會產
生不同的行為，如果這個主管的動機是「升官發財」，心態是
「一將功成萬古枯」，那就不可能創造「虛己，樹人」和「合力
共創」的氛圍，相對的信任的基礎就會非常的薄弱；我常會鼓
勵領導人們將自己和團隊的使命價值和願景說出來，並努力說

到做到，否則只靠員工來猜來磨合，一來需要時間，二來是人性在猜測的過程中，多會偏向負面懷疑的解讀，這對領導力的開展是個風險；釐清了「你是誰」之後，開始來探索「我的本質」，我有什麼？「體質」是在這個環境裡我做了些什麼？這好似健身房，經由現場的磨練幫助我們長出肌肉來；「特質」我還能做什麼，如何突出？這個架構你認同嗎？

　　王：這是一個非常有趣的討論，我以前沒有想過也沒有經歷過的，我先將自己投入進來，想清楚了再來回答教練的問題好嗎？

　　陳：你很真誠，不過度承諾也不虛偽應付做表面工程，這是你的優點；好了，接下來我們來聽聽你家庭作業所作的預備，你對自己的理解有多少？

　　王：我先來談我是誰吧，我創業的動機是建立一個平台，將自己的創意表現出來，也邀請有創意的人參與，這一點我到今天都還是認真的，只是我看到自己今天所面對的困境是超越我個人組織管理和經營的能力，這不是我的強項，以前有點漠視或是逃避，但是到今天我沒有選擇，我必須承擔這個責任，先將組織轉型好，再回頭來做自己喜歡的創新工作。

　　陳：我感受到你的熱情，我相信員工也會感受得到，問題是在你的組織裡許多人有無力感，這是我們現在要共同面對的

問題，如何讓他們有熱情和也有動力，願意奮勇再起呢？我們先回頭來認識你個人的人格特質，你願意分享是什麼嗎？

王：我生性內向，不善言辭，但是沉穩，獨立思考，不容易受外面或是環境的影響，堅毅的性格是我的標誌，在創業過程中所面對的困難，就是憑著這些能耐走過來的，但是相對的，對他人的意見看法就比較被動沒有感覺或是感動，我活在自己的世界中。我做事時對錯黑白分明，疾惡如仇不二過，但是在對人互動的過程中就顯得懦弱，自己不願意做決策，心中的想法是不願意得罪人；我待人正直誠懇，跟我久一點的人都可以感受得到，我不善於表達，新員工可能就無法感受到我的用心了；我偶爾也會發脾氣，但是沒有壞心眼，所以老幹部還是很忠心的跟隨，現在我知道自己沒有提升改變，沒有讓出空間和舞台給他們，造成他們的無力感，在該轉彎的地方我沒有轉彎，這是我的錯，這對我是另一個階段的成長。我喜歡讀書看資料，思考做分析，不時會有許多好點子出現，恨不得能馬上改變，也和老幹部們發生多次的衝突，總認為他們找藉口，現在我懂了，這是我的問題，我要稍微沉住氣，經過一個共識和決策的流程，而不是我說了算，除非它是關鍵和緊急；我對時間管理也比較鬆散，所以常常會遲到，常常打帶跑，現在我知道和我合作的人的感受了，他們有很強的無力感。我的反思內容說完

了，你能理解嗎？

陳：夠清楚了，你有備而來，再來我們來釐清一下你的「天賦才能」，好嗎？所謂的天賦才能有幾個特點：它們是你最容易有感受有感動的人事物，在那個領域你學習得特別的快，甚至是靠直覺或是潛意識在思考和學習，一碰到這些主題時，你熱情洋溢，投入時你會忘時忘我忘回報；好了，讓我們來釐清你有哪些天賦才能，好嗎？

王：就如剛才我提到的，我有許多的新點子新想法，想到時會很興奮，恨不得能馬上發生；我對我們所擁有的技術市場很熟悉，雖然我們是做零組件，但是在我心中是以系統的需求為創新出發點的，那些系統需要用到我們的產品，我一清二楚，但是在過去我們謹守本分，不敢跨越這個疆界，縱使是我們的市場經理告訴我這個趨勢，我還是視若無睹；但是今天我醒過來了，我也開竅了，這是我們必須走的路，「今日的優勢，擋不住明日的趨勢」，我們必須改變，該是轉彎的時候了，系統整合的能力我們組織裡本來就有，只是沒有讓它發揮長出來罷了；這是優勢，我也來談談我的缺點，我認為也必須面對這些軟肋，才能長大，對嗎？

陳：我很高興你自己提出來，這是改變的一個重要精神「敢於展示自己的脆弱」。

　　王：我溝通力不足，不善言辭表達，和他人的互動較沒有溫度，雖然我心火熱；我的堅持和堅毅是個優點，但是就如今天面對的這個情境，我錯過了轉彎的時刻，希望還不會太晚；我創新的點子多，是跳躍式思考，以前就是我說了算，沒有驗證和落實的機制流程，過去許多投資的失敗也源於此，大家都不敢和我挑戰，沒有異見有時也覺得孤單，這是做大家長的困境，我也知道我的性格特質之一是太挑剔細節太龜毛，許多人對我有點在逃避，這個我感受得到，這是我目前想到的，我的筆記給你參考。

我的本質

人格特質	我的優勢／「軟肋」
• 內向，沉穩	• 技術創新
• 邏輯思考，	• 系統整合
• 堅毅力	• 市場應用
• 待人誠懇，善良	軟肋：
• 時間管控鬆弛	• 溝通力
	• 應變力
	• 創新點子的落實流程
	• 大家長
	• 太細節

　　陳：難得你做這麼完整的預備，今天我們的討論專注在面對自己，員工的反應只是一面鏡子，讓你除了了解自己的良善動機外，還看到自己的行為以及它造成對他人的衝擊，不要將

它當成批判哦！

王：教練，我感謝都還來不及呢，怎麼會有那負面的想法呢？謝謝他們的反饋。

陳：你的態度正向積極，正式步入下一個階段的好時機；我要你找六到八個在你身邊你信得過的人，他們的責任和導入流程，在上一堂課我們已經有做詳細的說明，也跑過一次流程了，這次還是一般性的訪談，你願意繼續邀請上一次的支持者嗎？還是要換人？

王：還是繼續邀請他們吧，他們做得很好，所提的意見對我有正向的幫助。

陳：好的，我先來做你個人的一般性「領導力掃描」的訪談。

（幾天後……）

陳：這是我做的訪談報告，給你參考，你看到什麼？感受到什麼？

王：方向很清楚，我看見了，是該轉彎的時候了。

陳：他們的期待是一個好的參考指標，作為一個組織的領導人，你對自己的期待又是如何呢？你自己的曲線又是什麼呢？

王：感謝教練給我這個機會，我可以做自己，這是我的曲

線，希望在一年內，我能做到，我知道這是一個大手術，這中間的差距不小，有教練陪伴，我有信心可以達成指標。

領導風格掃瞄（1）

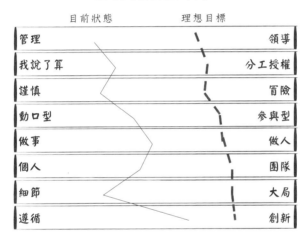

領導風格掃瞄（2）

陳：在還沒有做整體的總結前，我們再往前走一大步，依據在開始階段，我們有一個領導力工作坊，談的是「改變，機會，挑戰」，你覺得要達成哪些指標，需要有什麼改變，才能發生？

王：我看到未來的合理環境和氛圍需要有的配套措施是：

1. 管理和領導力的改變，教練式的領導力是最佳的選擇，

2. 對話和溝通的能力，

3. 如何面對異見，敢於面對正向衝突？

4. 員工對組織的投入

5. 如何重建信任，敢於提出挑戰，在我看來它最主要的綱領就是領導力了，如何導入教練式領導力最為關鍵。

" 調整教練主題和目標 "

陳：基於這些反饋，你願意重新修正你的教練主題嗎？我們的主要目標是什麼呢？

王：好的，我來重修我的教練目標，做一個「教練式的領導人」，這是我唯一的目標，它可以打通任督二脈，對嗎，教練。

陳：你說的是，如果我更清楚的釐清你的需求的話，我可

以說做一個「**有自己優勢風格的教練式領導人**」，這是你的目標嗎？

王：教練說的更具體了，

陳：那我們來一起定義如何達成這個目標，我們需要設計一些指標來評估我們是否有達成？這些指標會決定我們努力的方向。我們暫停一下，來釐清我們的主要目標以及達成目標的幾個重要指標，好嗎？你說那會是什麼？

王：我整理出來有幾個重點，也是可能的著力點，教練你幫我檢視一下，好嗎？第一是成為教練式領導人；第二針對對話力，不再我自己說了算，要傾聽幹部的看法，在對話討論再做決定；第三是要能容許異見不作批判，不要做一言堂，能聽到不同的聲音，第四是將員工當作夥伴，和團隊成員合力共創，不再單打獨鬥，第五要能兼顧大局，不要鑽牛角尖，第六是敢於挑戰團隊思維，第七是人才的培育和傳承，我好放下我的擔子，這是我最終的目標。你認為我還有丟失什麼重要的指標嗎？

陳：這是你個人教練的最後修正主題，你能儘速的將它分享給你所有的支持者和老闆嗎？他們就用這些內容來觀察你的行為，並定期的給你反饋。

其次，也請你將它們填寫到「全力以赴」的表格上，用自

領導風格掃瞄（3）

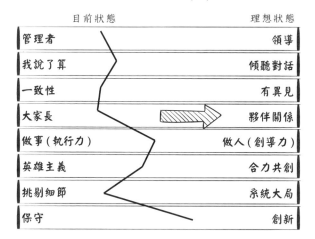

目前狀態		理想狀態
管理者		領導
我說了算		傾聽對話
一致性		有異見
大家長		夥伴關係
做事（執行力）		做人（創導力）
英雄主義		合力共創
挑剔細節		系統大局
保守		創新

教練目標

成為有自己優勢風格的教練式領導人：

- 成為一個優秀的教練式領導人
- 傾聽對話：不再我自己說了算，要傾聽幹部的看法在對話討論後再做決定，要能容許異見不作批判，能聽到不同的聲音
- 將員工當作夥伴
- 和團隊成員合力共創，不再單打獨鬥
- 敢於挑戰團隊思維：兼顧系統和大局，不要鑽牛角尖

我是否有全力以赴？ 檢查表（1-10分）	週1	週2	週3	週4	週5	週6	週日	平均
我努力成為教練式領導人（心態）								
我不再自己說了算，要傾聽和對話								
我容許異見不作批判，聽到不同觀點								
我將員工當作夥伴								
我和團隊成員合力共創，不單打獨鬥								
我兼顧系統和大局不鑽牛細節角尖								
我敢於挑戰團隊的思維								

我對話的方式每天做一次的反思，0-10，0是完全沒有做到，10是有全力以赴在這個主題上。在低分數的主題會採取什麼行動？這是改變的第一步，我們下一次見面時，看看你的記錄如何，好嗎？

（兩週後的週一早晨）

王：教練早，

陳：你好，王董，我們雙方至今都還沒有破壞我們早起團的約定，這個習慣很棒。

我們來看看你「全力以赴」過去兩週的成績單，好嗎？

王：這兩週是有點忙，但是我沒有忘記我的承諾，不是為分數，而是相信每一步路踏實了，我就可以安全的達到目的的，這是我和這個組織所急需的能力，我迫不及待，我過去兩週的平均成績是 7 和 8，還有許多成長的空間；這是一個很好的指標，好似海上的浮木，讓我抓住了方向。

陳：你的進展很順利，你在實施時，有面對任何困難嗎？

王：我在每天晚上睡覺前做這個反思，有時對有些行為特別不滿意，我會將它記錄在隨身的筆記本上，我會暫停 30 秒做個反思，下一次怎麼做會更好，這是一個好的學習經驗。

陳：你說的對，我將介紹你一個工具叫「自我反思記錄」，這是為你剛才所說的學習流程而設計的，針對你的教練主題，當我好的或是不好的經歷時，及時的將它寫下來，是什麼事，你當下的心思意念，你的行為，造成的結果，你事後的感受和反應，下次會怎麼做？

◆ 自我反思記錄

這是教練最常用的一個工具，有人說是日記，但是我們要

自我反思紀錄

主題：建立有自己風格的教練式領導人						
日期	發生什麼事	在什麼情境	我當時的反應	我當時的感受	造成的後果	事後的反思：我下次會怎麼做

加進教練 A.C.E.R 的元素才能達成教練所期待「改變」的效果，它的關鍵就在寫內容的時間和時機的反思記錄了。

它是一個自我反思的記錄器，不需要制式的表格，它就在你的日記本或是隨時手冊裡，最重要的是它的內容和精神，當自己經歷過與教練主題相關的行為時，就及時做這個反思記錄，不管是做好還是不好，如果是做對了，反思一下「為什麼自己這一次會有不同的好行為？」是什麼原因？我自己做了什麼努力？自己當時的感受如何？ 如果失敗了，也是問自己「為什

麼讓自己在這件事上沒有做好？下一次我自己該如何改進？」我自己的感受又是如何？

我說是「及時」的記錄，不要讓那份的感覺和感動消失，這是「自我改變」的動力。不一定要找到這份的表格，而是將這個思路架構記在心中，需要時就找一張餐巾紙寫下來，待回家時再來整理，好似在記流水帳，剛開始可能會經歷許多的失敗，慢慢的成功的記錄就多了起來，這對自己也是非常棒的激勵。這是一份自己私藏的秘密文件，不需要對外公開。

王：謝謝教練，這個表格設計的真是實用。

陳：這兩個表格請繼續使用，以後每次的見面，我都會很想知道你的進展哦。我們再繼續開展，今天開始，我們可以實際談談你的領導案例，這是最好的練功場域，用案例來體驗教練的真實價值，你今天有預備案例來嗎？

王：你在合約裡有說明白了，學員要負責提出討論的主題，並事後些反思報告，對嗎？

" 教練一席話：對話力 "

陳：你說的對，你今天想討論什麼主題呢？

王：如何開啟有效的對話和傾聽呢？這是我這次改變的重

點，過去我一直做不到，喜歡下指導棋，喜歡插話給意見。

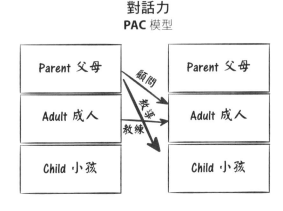

陳：哈哈，這是一個好問題，很高興你提出來，我們來花點時間談談。有人說，生命裡最難也是最珍貴的是「當別人說話時要閉嘴，肯用開放的心靈來傾聽」，有句話也一直深藏我心「你傾聽的態度會決定對方分享的深度」，這都是有關對話的關鍵能力，這需要不斷的有意識的覺察和學習操練；首先，我們先來看看這個 PAC 模型，P 是 Parent 父母，A 是 Adult 成人，C 是 Child 小孩，父母的角色好似專家長官或是教師，我懂你不懂，我有你沒有；成人的角色則是自認為有能力的人，小孩就是完全不懂的人，這裡有三個可能的對話態度：P-C 型是教導，P-A 型是顧問，A-A 型是教練，你覺得哪個態度是最理想的態度？

王：我相信是 A-A 型，那怎麼做到呢？

陳：你說的對，容許我花點時間來陳述一下「對話力」的

一些基本知識，好嗎？

　　王：教練請說。

　　陳：A-A 型的對話有幾個關鍵態度；平等尊重，釐清假設，同理傾聽，勇於探詢，陳述主張，覺察分辨，接納不批判，勇於說出所不同意的；那又如何塑造一個環境能創造這樣的對話氛圍呢？首先當你和員工對話時，確定你是離開你的寶座，那裡有隱形的權力，其次要有「COAL」的心態，COAL 代表：Curiosity, Openness, Acceptance, Love（好奇心，開放的心胸，接納對方，欣賞和愛對方的作為）；這是基本態度，特別是最後兩個「接納與愛」，如果你不接納和愛對方，你可以想像對話的氛圍和結果會是什麼嗎？能達到傾聽的目的嗎？

　　王：這個 COAL 對我很有感覺，但是如何用好奇心來開啟一場對話呢？

　　陳：如果員工找你幫忙，說「老闆，這件事我搞砸了，我該怎麼辦？」，你會怎麼做呢？

　　王：那就問是什麼事，直接告訴他如何做對的事，簡單明瞭。

　　陳：如果你開始做他們的教練，你會怎麼做？

　　王：嗯…我一時轉不過來。

　　陳：你可以先問，「你先安靜下來，告訴我這是什麼事？

我們要達成的目標是什麼？你能力一向很強，我很好奇這次你是怎麼做的？你為什麼認為搞砸了？你學到什麼？你希望我如何來協助你呢？…」

當然，不要像是連珠炮一下子全說出來，這些給你參考的對話主題；我用較系統的話語叫「OMG(Objective, Mean, Gain 目的，方法，結果)」；它的思考邏輯是：「我們在做什麼，我們要達成什麼目標，你採取什麼方法？下一次怎麼做會更好？」

在對話裡，有反思學習和挑戰，你的員工會很受益。

王：哇，不同的切入點，不同的表現方法，很棒，我喜歡。

" 同理傾聽和對話 "

陳：在對話時，要安靜的傾聽，傾聽有好幾個心理的層面，比如說「我聽到了，我也理解他的意思」，「我能聽出來他想說，但是沒有說出來的話」，「我能感受到他的情緒，動機，企圖心，觀點，期待，需求和渴望」，這是我們常見的一幅圖像，在這個時候特別有意思。（教練在紙上畫了這張圖，見下頁），在安全的氛圍下，你能讀出或是說出他心底的話或是意向，這是最佳的傾聽藝術，它會有「知我」的感動，這是強化

信任的契機,由這個基礎再開展一場對話,你領導力會再被堅固。

　　王:哇,印象中我還沒有遇見過一個聽得懂我「話中話」的人,這會很感動人;但是反過來說,如果我們很專心的傾聽,可是些人忘了對話的主題和目的,開始「倒垃圾」,怎麼辦呢?我們的時間還是有限的啊!

　　陳:你說你會怎麼辦呢?

　　王:我想當教練,我會猶豫是否該阻止他繼續說話。

　　陳:我們說不要在對方說話的時候插話,但是做個教練,在你剛才說的情境,有一句話還是可以說的,在對方短暫的吸

氣空檔，你可以說「我可以插一句話嗎？我們還在討論我們專注的主題道路上嗎？」先徵詢對方的同意，再將他拉回來現實的主題；你還是要「主導」這個對話的氛圍，為此負責，這是領導力再向上一台階是「領導風範」的領域。

王：這個好，不用權力而用愛。

陳：你說的對，這是 A-A 的教練對話模式。我們還有許多非常有趣的教練對話主題，比如說：

- 對於裝睡的人，我該怎麼喚醒他們呢？
- 對於一個不願意參與改變的高階主管，我該怎麼辦呢？
- 如何設計改變員工和主管的績效評估的對話方式呢？如何建立更正向溝通的平台？那些新元素要包含進來呢？
- 如何使用教練式領導力在組織的不同部門呢？生產，銷售，研發，財務，品管…各部門的文化都有點不同，有些是執行單位，有些是創新單位，如何來推廣？
- 如何建立一個多元化國際化的組織？
- 年輕員工的人才快速通道，如何建立？
- 組織裡的接班傳承機制，如何建立？

在每一次的對話中，你自己也想出來一套更合適貴公司組織文化的方式，這是教練的價值；會談後，學員需要在 24 小時內給教練一個簡單的 RAA 反思報告，對於自我學習，這是關鍵性的一步。

◆ 月行動計劃 (MAP： Monthly Action Plan)

這又是一個非常關鍵的教練時刻，每一個教練學員 (Coachee) 都會有自己邀請的支持者，當作他自己的鏡子，但是如何來收集他們的反饋訊息呢？這是一個非常棒的機制，我由美國資深的教練前輩葛史密斯的 SCC 模型學習到這個寶貴的經驗。

在每個月初，學員要直接面對他的支持者，只問兩個問題：

RAA 時間 ：反思，轉化，行動

- 今天的對話我的感動是什麼？
- 我如何轉化應用到我的工作崗位來？
- 如何行動，什麼時候啟動？

「謝謝你給我的支持，針對我的教練目標，你認為在過去的一個月，我最主要的進展是什麼？你建議我下一個月的努力重點是什麼？」

在這個對話過程中，它最關鍵的對話在「只專心問話，傾聽，最後只說謝謝」，不囉嗦不辯解，態度要能謙卑，對方才會樂於繼續做你的支持者，也才會認為他所做的對你有價值，這是關鍵。

"優雅轉身"

我們傾聽的態度會決定對方分享的深度，最後只說謝謝就是最好的態度。

學員們在開始邀請時，我們要求學員們的態度要能謙卑，並開口說「我要改變，請幫助我」，這是一個開始，在每個月初，他們還會再次經歷這樣一次的探詢，也是謙卑單純的對話；一個高階主管告訴我，他在這個設計過的過程中最大的收穫是「贏得員工的尊重」；也因為是設計過的流程，每一個高階主管在實踐的過程中不會覺得沒有面子，很有勇氣的謙卑下來展示自己的脆弱，幽雅的轉身，這是建立領導力的基礎，我們輕而易舉的達成目標了。

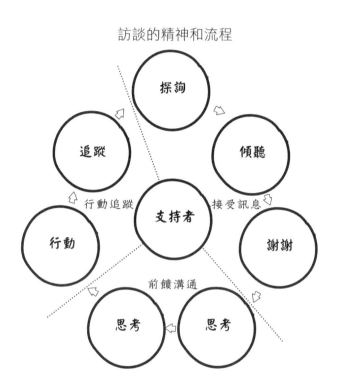

訪談的精神和流程

◆ **訪談的態度和流程**

在做每月訪談時，除了問那兩個關鍵問題之外，態度和應用行動更是教練設計這流程的關鍵，這裡要展現的是「勇氣，謙卑，紀律，敢於承認脆弱」的真誠態度，如果還是「就事論事，按規定流程走」的心態，那第二次的訪談內容真實性就要

大打折扣了。在處理好了心態的問題後，流程也是關鍵，如何能讓他人感動？不只是態度，而是對方給你的訊息，你是否有真心的領受？你又做了什麼？我冒這個風險對你說真話，對你有價值嗎？對我值得嗎？這個流程能讓對方感受到你的真誠和珍視對方的努力。

- 這個訪談的流程是來自著名教練葛史密斯的「SCC 溝通模型」，針對陪伴的流程裡，這些精神和流程特別的重要和珍貴。我來簡單陳述一下這幾個流程的重點精神，在開始前，我們先調好心情再上路，就是懷著「勇氣，謙卑，紀律，敢於承認脆弱」的真誠態度來尋求對方的協助，他們可能是你的上司，同事或是部屬，在這個步驟裡，我們必須使用同一個精神來面對他們，才會有果效。

- 探詢：就是以對的心情來請教你的支持者那兩個問題：「針對我的教練主題，在過去一個月內，你觀察到我最主要的進展是什麼？在未來 30 天，你能建議我最需要努力的兩個重點是什麼？」每一個意見都是禮物那般的寶貴。

- 傾聽：安靜的傾聽，不能做任何辯解，如果聽不明白可以問釐清的問題。

- **謝謝**：聽完後，安靜誠懇的向對方說「謝謝」；注意自己的態度，要安靜的領受。我們可以用同理心來思考為什麼要這麼做？如果你給對方一個反饋的訊息，他同時也告訴你一堆「為什麼會這樣」的理由，你下次還願意花時間冒風險說真話嗎？所以，在這個階段只要說「謝謝」，如果有誤解或是委屈，改個時間或是場域再說，這是這個系統成敗的關鍵。

- **思考**：以同理心的心情來思考為什麼他有這個看法？轉化和內化，做分辨的功夫。

- **回覆**：給予他或是他們的回饋和前饋，你必須再回復對方你下一步預備怎麼做？也感謝他們坦誠有價值的資訊。

- **行動**：這是開始行動的時候了，依據你所所說的承諾的，開始行動。

- **追蹤**：自己或是和教練合力設定目標，定時做反思檢驗和回饋，你是否有按照計劃走在自己的道路上？

就這麼簡單的對話，將它寫下來，整理出來，當作下一次和教練談話的內容之一：

- 哪些觀點我認同？ 我這個月會採取什麼行動？

每月訪談紀錄

支持者	你的觀察： 在過去一個月，我主 要的進展是什麼？	你建議我 下個月需要努力 的重點是什麼？

- 哪些觀點我不認同？為什麼？ 需要再釐清嗎？

這是較開放性的訪談，不局限在教練主題的範圍內。

在完成每月的訪談記錄後，學員要做幾件重要的事：第一是基於這些資訊，學員自己反思和轉化，開始計劃下一個月我的目標和行動方案是什麼？其次是和教練有一場的對話，針對新的目標和行動方案，再給予自己一個新的挑戰，認同這些新的行動目標和方案後，就可以開始啟動；啟動的第一步是「向所有的支持者宣告自己新的目標和行動計劃」，請他們協助觀察自己的改變，這就是下一階段學員訪談支持者的參考目標，

MAP (Monthly Action Plan)
月訪談行動計劃

教練目標	「建立個人領導風格」
行動指標	行動方案 (AR: Action Required) 什麼時間達成？（By When）

也是學員努力的目標。

◆ 季度和期末的訪談

　　每一個季度，教練會和支持者再見一次面，還是針對教練學員的目標和指標做一次較深入的討論，不是只問分數，而會好奇的問一些較深入的問題，理解學員在教練過程中所展示出來的改變給人的印象。但這次的評分方式和月訪談不同。

支持者季度訪談紀錄表

支持者：A 經理　　　　　教練主題：教練式領導力（樣本）

行動指標	過去三個月的進展評估： （評分：-3 到 +3）*	下個階段需要努力的 重點是什麼？
教練式領導力		
耐心傾聽和對話		
合力共創		
夥伴關係		
敢於挑戰		

*-3：更差，無可救藥 ｜ -2：越來越差，不樂觀 ｜ -1：有感變差 ｜ 0：無感沒改變
+1：有感，有點進步 ｜ +2：有顯著進步, 還有空間 ｜ +3：超越期待，很樂觀
NA: 無法評論

　　季度訪談和期末訪談的內容架構都是一樣，教練必須親自訪談，你會收到許多寶貴的訊息，不是在線上的問卷調查可以取得的資訊；記得有一次我接手一位外企在台灣的營運總經理，他的人事檔案非常的漂亮，可是明顯的，他的領導力有信任危機，當我做面對面訪談時，我問這個高階主管「為什麼你們給你的老闆這麼好的分數，可是在面對面訪談時又告訴我不同的資訊？」，他們的回答倒也乾淨利落「我怎麼知道誰在看這個報告？」這是自我保護的安全措施。

支持者期末訪談報告

支持者：A/B/C/D/E　　　　教練主題：教練式領導力（樣本）

行動指標	過去三個月的進展評估： （評分：-3 到 +3）*	下個階段需要努力的 重點是什麼？
教練式領導力	1 / 1 / 2 / 2 / 1 / 1 = 1.33	有傾聽，會插話，堅持自己的看法
耐心傾聽和對話	2 / 3 / 1 / 2 / 2 / 3 = 2.17	看到用心，可以更有耐心讓我將話說完
合力共創	1 / 1 / 2 / 1 / 1 / 2 = 1.33	先問和傾聽，再說出你的意見
夥伴關係	1 / 2 / 2 / 1 / 2 / 2 = 1.66	還是感受到有權威性，不願意說出心中的感受
敢於挑戰	1 / 2 / 1 / 0 / 1 / 1 = 1.0	還是沒有太多的體驗

*-3：更差，無可救藥 | -2：越來越差，不樂觀 | -1：有感變差 | 0：無感沒改變
+1：有感，有點進步 | +2：有顯著進步,還有空間 | +3：超越期待，很樂觀
NA: 無法評論

◆ 期末訪談報告會

在一般的案例，我邀請教練學員和他直屬的主管做一個二對一的對話，在這個案例，只有王董一個人。

陳：王董，感謝你這段時間給我服務的機會，這是最後一次訪談報告，一方面是檢驗我們的教練成果，更重要的是給你自己一個下一階段著力的方向。你看到這個報告的感受如何呢？

王：我的目標是拿3，雖然知道這不切實際，我看到的好

消息是大都超過 1，還有一個 2，壞消息是我還有一段路要走。

陳：我再給你報告一個好消息，你是否走在正向的路上了？

王：這點是很清楚，我知道我正在這條路上。

陳：我們還深入探討，這些內容哪些是你認同的？你會採取什麼行動？哪些是你不認同的？你需要釐清嗎？

王：雖然我感覺自己已經非常努力了，我自己也非常明白我的「老我」舊習慣常常會復發，忍不住要說兩句，我需要更努力才行。

陳：我們一個一個的細部來談，針對「傾聽」對話，你會怎麼做呢？

王：在傾聽時，我要有意識的忍住自己說話的衝動，讓對方將話說完，不插話。

陳：你說出的正中要害，對於「合力共創」和「夥伴關係」，你會怎麼做呢？

王：我在會議裡常喜歡將自己的意見說在前頭，大家就不需要再繞圈子，再問大家有沒有不同的看法，我看到支持者的感受是「他們就不說話了，感受到權威的壓力，不敢和我唱反調，沒有異見」，我有感受到，但是沒有覺察它的後果有這麼嚴重。我要改變。另外，我常常有許多新點子，也常常想到就說出來，而打亂了團隊的日常運作的節奏，我想我該有所節制

了，我的想法是先將這些點子寫下來，在腦子裡停留一陣子，待合適的時機再分享出來，而不是想到就要團隊同仁馬上做得。

陳：你說的對，還有嗎？

王：教練說做個教練式領導人要「勇氣，謙卑，紀律，展示脆弱」，我對謙卑的實踐找不到頭緒，怎麼做到呢？我找不到著力點，我知道我沒有做好。

陳：這個詞比較玄，我的說法是「願意放下你的權力和權利，和他人同行」，你有感受嗎？找到你自己可操作的方式了嗎？

王：好像有感覺了，我舉一個例子來說，支持者說我喜歡插話，如果我用謙卑的方式，我是否應該先徵詢對方的同意再說話？雖然我是他們的老闆？

陳：你說的是，這是一般有權力的老闆們做不到的，你做得到嗎？

王：我知道了，我說到做到。

陳：針對敢於挑戰這個主題，你的分數最低，你知道為什麼嗎？你如何改變？

王：我在改變的這個階段，可能變得過度柔軟了，怕太用力而用出權力和權威，而不是挑戰，該怎麼做合適呢？

陳：在有信任的基礎上，你才可以使用挑戰，否則就是權

威；你覺得你們間的信任基礎建設完成了嗎？

　　王：他們還是有點怕我，在走廊上或是餐廳裡會迴避我，這是一個警訊，我需要更努力。

　　陳：信任是另一個大的主題，我們有機會再來談；你願意總結你下一階段的方向和目標嗎？

　　王董展示他在筆記本所寫的文字。

　　王：我看見教練體系的完整性了，我期待儘速能完整經歷。

　　陳：在結束前，我們再來反思，你這些動機和行為的改變有發揮你個人的品格和優勢嗎？

　　王：我無法條列出來做個別的檢驗，但是我感覺很好，這才是我的真性情哪！謙卑，傾聽，夥伴，合力共創，信任，真

期末訪談：行動計劃

- 我的教練目標：成為有自己優勢風格的教練式領導人；「勇氣，謙卑，紀律，勇於展示脆弱」是我領導力的精神。
- 在傾聽時，我要有意識的忍住自己說話的衝動，讓對方將話說完，不插話。
- 謙卑：在徵求對方的同意後再開口說話。
- 合力共創，夥伴關係：先傾聽對方的意見，自己的想法最後說，甚至不必說。
- 先建立信任，才給予挑戰。

誠等等，在創業的過程中，我一直被「標準知識」扭曲了，認為人就是需要管理才會有效率，要壓力才會有產出，但是我卻是忘了我們是一家創新為主的企業，我們要每一個人心和腦的參與而不只是手，希望現在回頭還不會太晚。

陳：當然不會太晚，在這轉折過程，你自己學習到什麼呢？

王：這是我的筆記，謝謝教練的一路陪伴，我深知自己還有好長的一段路要走，我能再邀請教練你再陪我走一程嗎？

陳：這是我的榮幸。

我的教練反思筆記

- 我的教練目標：成為有自己優勢風格的教練式領導人；教練協助我建立改變的著力點。
- 只要我願意，我可以選擇改變自己的動機和行為。
- 我只看到自己的動機卻看不到自己的行為，我需要協助。
- 「自我反思」和「全力以赴」兩張表是有效的手段。
- 每月對自己的訪談和每一季度教練的訪談，對於我的價值很大，讓我看到自己的表現。
- 教練的『一盞燈，一席話，一段路』對我有意義。
- 這是一條正確的道路，我要堅毅向前行，成敗決定在於我的堅持。

7章

一段路：實現生命中最關鍵的改變

我們不缺知識，而是缺一份感動的力量，催逼我們往前行

EXECUTIVE COACHING
LEADERSHIP ACCELERATORS
FOR HIGH LEVEL MANAGNERS

陳：感謝王董，讓我們能再續前緣。

王：也謝謝教練在前一個階段的協助，幫助我釐清並找到自己行動的力量，我開心多了，但是還是有些問題和挑戰需要繼續請教練來協助我。

陳：這是我的榮幸，在進入個案前，我們是否先來提升高度，在這次的教練合約裡，你希望達成什麼目標呢？

王：這個問題我有備而來，「**能輕鬆經營**」，我剛六十歲，還有些時間來參與經營這家企業，還不是交棒的時候，所以請教練來幫助我，在建立我個人的領導風格後，如何帶引企業改變體質，將領導力的元素加進到我們的經營內容來，讓大家的活力重現，我相信我自己做個經營者也會相對輕鬆許多了。

陳：你將你的願景說得清晰了，我們能再回來檢視一下，你現在在哪裡呢？

王：這是我的責任，我過去沒有做好，有幹部沒有人才，有執行力沒有領導力，有創造力沒有產品力，我必須重塑組織。

陳：讓我又重現「改變」的七個要素圖表了，你都具備了；讓我們暫時停一下，預備我們的心靈，才開始今天的教練主題。

（安靜……）

王：在最近一次的訪談報告裡有一個看似微小但是對我是關鍵的課題，我還沒有譜；我以前一向是「我說了算」的威權

管理，在經歷教練的薰陶之後，我學會了「謙卑和示弱」，這是一個大反差，員工說我太軟弱了，他們說的沒錯，這是我心裡的掙扎，在「強勢」和「柔弱」之間，我如何找到自己的位子呢？

陳：王董，這個問題看似簡單，但卻是領導者最常見的困境，這是「領導風範」的領域，而不是領導人的個人魅力，那是個人的人格特質，無法學習，我們談的「領導風範」是可以學習的，它是一個隱藏版的領導力，注重在「領導者的精神和外在的行為表現」，你願意再走上一個台階嗎？

王：我樂於學習。

陳：你能允許我先來分享一些資料，讓它們來引導我們的討論，好嗎？

王：好的，

" 最值得擁有的軟實力 "

在《哈佛商業評論》有一篇熱門文章是〈10 個最難但也是最值得擁有的軟實力技能〉，如果你是組織裡的中高層領導人，這個問題的答案難不倒你，我們先安靜一下，讓你想一想你自己的答案是什麼？

10 個最難但也是最值得擁有的軟實力是什麼呢？

　　沒有標準答案，這是一份可能的名單，沒有優先次序：

- 值得被信任的品格
- 謙卑和感恩的態度
- 正向的自我對話
- 敢於展示脆弱，有及時向外求助的勇氣
- 知道什麼時候該閉嘴，也確實能説到做到，
- 傾聽，
- 同理心
- 理解自己的優先次序，並且展現出來，
- 虛心學習，時時精進自己的心思意念，
- 自我管理，

　　陳：身為一個領導人，你具有以上哪些特質呢？這些能力都不是天生，而是後天有意識的覺察和改變，如果你願意，你也可以擁有；讓我換個角度來問問題，你能回想出一個你所跟隨過的傑出領導人，他的哪些特質讓你印象深刻？

　　王：⋯（思考中），我想起我還沒創業前的一位老闆，他的個性非常溫和很好相處，私下我們是好朋友好夥伴，但是在正式的會議中，他的眼神和意志力讓人感受到「不厲而威」的壓力，他說話不囉嗦，很明顯的是有備而來，他會讓我們充分表達意見後再做決策，這個決策可能和我們期待的不同，但是他會告訴我們為什麼他這樣做決策，也同時邀請我們一起來支持這個決策，我們感受到他的善意，也體驗到這個決策裡有我們的成分在裡頭，所以做起來特別賣力；這也是我們那時的團隊文化「討論過後的決策，我可能不百分百同意，但是我會支持（Disagree but commit）」，這是我個人一段溫暖而愉快的回憶，我創業初期想建立這樣的氛圍，但是團隊太小事情太多太雜太快，員工的經驗差距也很大，慢慢的我忘記了初衷，就變成「我說了算」的文化，現在反思起來，剛開始創業時我年紀輕公司也小，「快狠準」是優點，今天公司的規模，市場的環境和我的年紀，這是該換軌的時候了，我好累！我希望現在改變不會太慢！

陳：哇，你生命中還是有非常美好的經歷，我們一起先暫停，來反思沉澱一下，它有哪些元素讓你特別欣賞，讓你願意全力以赴呢？在這位領導人身上，你看到和學到什麼呢？

王：讓我回來反思一下剛才所說過的話…，最主要的是他的為人，我信得過，我心裡尊重他；他態度誠懇透明；主動邀請對話，之後勇於做決策，主動積極溝通，說清楚講明白，得到我們心裡的支持，他敢於主導氛圍不怕得罪人，外在的環境不會影響他的信心和企圖心；最後，我也看到了，他會定期反思，偶爾還會和我們道歉認錯，對於我這就是領導人對自己的信心。

"好人，好領導人"

陳：這些感受真是寶貴，它還在你的心中，是你能量的一部分，讓我們為它找到出口，好嗎？在還沒深入以前，我先來問你一個簡單的問題，你認為他是好人嗎？是好領導人嗎？

王：嗯…我認為他兩個都是耶，你說它們有什麼不同？

陳：你認為「好人」都會是「好的領導人」嗎？我來分享一個案例，一個即將接手一個績效良好的部門的空降主管，我先訪談這個部門的中階主管，我聽到一個聲音「他是好人，但是我不會跟隨他，他不是好主管」；你可以分別出來他們的區

別了嗎？

王：還是理不清，你能告訴我嗎？我要成為一個好領導人，這是我的目標。

陳：在這個多元多變化是世代，一個好人主管會是「接納多元（Diversity & Inclusion）」，就停在那裡，可是一個好領導人會是「在接納多元後，會建立合一的團隊（Diversity, Inclusion, Unity）」，你感受他們的不同了嗎？

王：我知道了，這使我想到「權力和愛」的圖表；權力是達成使命的力量，愛是合一的力量，這兩個基因我都有。

"我的領導風範"

陳：再回來針對你最初提到的主題，如何在「權力和柔弱」中間找到平衡，我能否先請教你，你會如何來調整自己的位置和做法呢？

王：剛才我提到過的「權力與愛」常常跑到我的腦海裡來，我會先做自我對話，這是什麼事？針對組織目前的使命，我會採取什麼態度和角色？我立志不做指導者，而是支持者和教練，自己也會先針對這些可能的問題想一遍，預備好自己；在不同的場合，我會邀請員工先告訴我他們的想法，我專心傾

聽，只要是有七八分的把握我就放手，不是靜靜的走開，而是
大聲的宣告「我支持你！」

陳：對於你這是非常大的轉變，還有嗎？

王：對於這樣的決策模式，我充滿信心，因為我也自己說
服了自己，這是「我們的決定」，我公開支持並參與執行，在
不同的場合裡，我會說「我們⋯」而不再是「我⋯」，我時時
提醒自己，我是教練。

陳：在討論問題時，當有人岔開話題，或是有負面的批判
言辭出現時，你會怎麼辦？

王：以前我會使用我的權力大聲斥責，現在我是教練，我
會先問「我能插一句話嗎？」在大家的同意下，我會問「我們還
在我們討論的主題上嗎？」我們所討論的內容對達成目標有建
設性嗎？」我會將討論再拉回主題，這是我不可逃避的責任，
對這些小事，我不能軟弱。

陳：你說得非常到位，能否容許我給你看一個圖表來印證
你剛才所說的內容，你感受到什麼？

王董看了看，他和陳教練相視而笑。

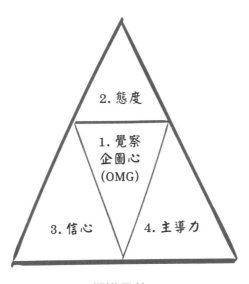

領導風範
Executive Presence

" 由風格到風範：高管教練的最後一哩路 "

　　領導人如何贏得尊敬？它不在你說了什麼或是做了什麼？而是在於「你是誰」，這是深度的自我修煉，又如何著手呢？我曾提過「勇氣，謙卑，紀律，敢於展示脆弱」，那又如何展現出來呢？

　　領導者的風範（Executive Presence）是一個贏得尊敬的舞台，我們不只是靠理智來領導（Lead by head），或是只靠

以身作則來領導（Lead by hand），更要能用心來「**感動**」領導（Lead by heart），由「**要我做**」轉變為「**我要做**」的心境；如何感動他人？這不只是表現在公眾場合的言談，也不止於大事的決策，更是在私底下，在小事上，由你的動機和企圖心，你對達成目標的熱情和執著的態度，外在行為所表現出來的信心，有自信能引導掌控這外在的情境，堅毅的達成你所期待的目標或是願景。

"陪伴的力量"

傑出領導者需要有許多的特質，但是如何成為體質或是特質？這靠實踐出來，只是知道還不夠，需要能做到，成為你的體質和特質。

「**由知道到行道是世界上最遠的距離**」，這句話對於你我都是耳熟能詳，但是為什麼還是熱門的話題？只是因為大部分人都有的弱點：「知道，但是做不到」。

為什麼會如此呢？該如何克服呢？它可能來自對「改變」的恐懼，自己沒有預備好或不願意做決定接受這個改變，或是在面對現實環境時沒有做改變的急迫性。

在教練對話過程中會有許多的興奮點，「啊哈」連連，一

個有經驗的教練必須告訴自己如何抓住這些亮點，及時的幫助學員走過這段長長的恐懼之河。「陪伴」就是教練流程最重要的最後一里路了，這也是決定「教練使命必達」的關鍵時刻。「陪伴」在組織裡叫做「追蹤」，因為教練沒有權力，不能緊盯學員做追蹤，其次是這個改變的動力和行為是起自學員自己，教練要給予的不是壓力而是支持和陪伴，是「張力」，如何陪伴學員經由一場教練式對話，會產生許多的「啊哈」亮點，他願意說出來，敢於面對恐懼「說到做到」，慢慢的開始轉化來改變自己的行為，成為一個新習慣，更新自己的品格，這過程中在在需要陪伴。

　　如果我們用「戒酒協會」的案例，如何幫助人們改變惡習？它們的「12 個黃金法則」裡最重要的精神就是「承認自己的軟弱，公開向外求助並及時走出來」，陪伴是他們最主要的工具。

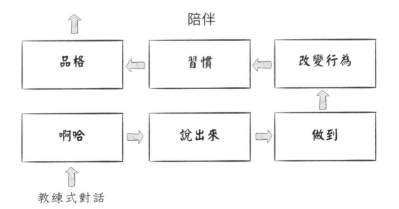

　　教練前輩葛史密斯的團隊做過一次的實驗：到底培訓、教練和再加上陪伴（追蹤）的效果差別有多大？這個報告告訴我們每一個人，不要只停留在培訓，學習或是教練的對話情境裡，自我感覺良好，要再精進，要設計一個陪伴追蹤的架構，才能持續，最後改變才會發生，下圖是他研究報告的總結：

　　這個報告對於人才發展有經驗的你我並不會有太大的驚奇，當你在培訓的課程裡聽到「這個課程我的老闆來聽最好」的聲音時，你大概知道培訓的效果了；優秀的培訓講師會幫助學員產生許多「新點子」，很激動但是出了門沒有需要採取行動，我常開玩笑說這是另一場娛樂業的「脫口秀」，因為個人缺乏轉化的動機，組織也沒有設計追蹤的具體架構和張力，結

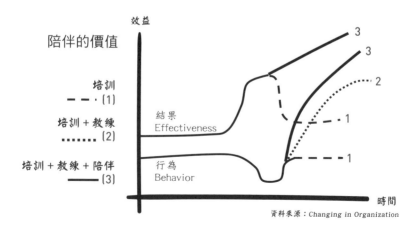

資料來源：Changing in Organization

果就是這「脫口秀」不斷的在重演，名師也越來越多；對於人資主管來說，這也是最簡單也最討好員工的安排，但是對組織的投資來說，它的效益會是有爭議的。

在一對一教練的過程也是如此，許多的「啊哈」，但是沒有追蹤或是陪伴，出了門就忘記了，就好似農夫將菜籽灑在淺土上，會發芽（啊哈）但是很快的一經日曬就枯乾了，也好似將菜籽灑在荊棘上，沒有空間讓它長出來，好似我們這些高階主管們，每天都有忙不完的事，如何讓他們的「啊哈」成為行動的動機和力量，這需要一些工具和系統設計，才有機會發生；改變是一條艱困的道路，人們要離開自己的舒適區，走入不確定的領域，會有痛有損失，這需要覺醒和決心，更需要努力才能進入。

◆ 教練的陪伴

在我的教練個案裡，我在合約結束後會有三個月的陪伴期，每個月的月底和學員在電話裡談談，有關最新一次的行動方案，他有沒有進展？他是否有面對什麼新的困境和挑戰？他有能力自己面對嗎？教練在這個階段做一個靜默的陪伴者，偶爾也會和他的支持者對話，是否學員還堅持的走在自己承諾的道路上？讓教練（Coaching）成為學員的新生活和領導方式，

在組織裡，成為別人的「一盞燈，一席話，一段路」，「喚醒生命，感動生命，成就生命」，「虛己，樹人」的領導人，不只是「用口，用腦，用手」，更是「用心」來領導團隊。

在一段緊密的教練流程後，我會希望有段暫停期，讓學員有安靜反思沉澱和轉化實踐的空間和時間，在困境中使用他所新長成的肌肉和能量；如果能印證它的果效，這將是轉化成功最堅強的基石，我和王董在接下來三個月也有定期的通話，只是不那麼密集；之後我們又啟動另一個教練專案叫「變革增長（Change to grow）」，這教練情誼還在繼續著。

" 教練（Coaching）成敗的關鍵時刻 "

在 ICF 所擬定的教練合約裡，有一條不平等條約是：「教練不保證能成功有果效」。很明顯的，這對學員或是出錢的老闆們是不公平的，可是如果由教練的角度來看，倒也有它的道理，教練最終的價值在「學員的改變」，我們說「喚不醒裝睡的人」，對於不認為需要改變或是不想改變的人，再資深的教練也是無計可施，除非學員的改變動機很強，這是對教練的保護。

相對的，要如何保護客戶的權益，並確定教練具備足夠能

力，全力以赴的執行他的使命呢？

有人提出「無效免費」的說法─但，又如何定義「有效」呢？能用數字化來表示嗎？到目前（2016）還沒有看到一個大家能接受的模式，我在總結報告裡使用的指標也只是相對的資訊，如果你願意，可以再包含更多的指標，比如說「業績的指標，人員流動率的指標，新產品的開發指標…」，這還是在管理的層面，是短線可人為操作的，它還沒有完全碰觸到教練的核心價值；為了讓教練更有效，我所專注的是在「如何合力共創，讓教練發揮價值，讓它有效？」，這對於教練和客戶端的人資主管或是學員的直屬主管，都可以評估「在這個階段，教練是否為最佳的人才發展方式」，如何評估，這就是我要闡述的「教練（Coaching）成敗的關鍵時刻」，我將它分拆成三個角度來分析：

◆ Inside out：學員（Coachee）自己的預備和責任

這是我們常說的「可教練時刻（Coachable moment）」，學員預備好了嗎？以下是一些可能的面向：

學員自己改變的意願和動機是否夠強？願意離開自己的舒適區，邁向另一個不確定的未來？他改變的理由是什麼？不改變行嗎？

它急迫嗎？是「最好能改，不改變也不會有大災難」的情境嗎？還是「緊急，現在必須要改變，否則…」撞牆了，卡住了；在急迫性之外，這個改變對學員有「生死交關」的關鍵性和意義嗎？

學員在這個過程中，願意展現「勇氣，謙卑，紀律，展示自己的脆弱」嗎？會覺得抬不起頭來，被貼標籤嗎？還是敢於站出來說「我要改變，請你們幫助我！」或是還是喜歡活在高高在上「我說了算」的時代裡。

學員有「自我的覺察」改變的必要嗎？在支持者的反饋或是經由測評資料裡，學員會看到自己的影子，那時他敢於面對嗎？願意謙卑下來，學習改變嗎？有時候某些行為不是「對錯」的議題，而是「對對」的選擇，是哪一個方式比較合適？領導力必須要能接地，就是和個別的組織接軌。教練不談最佳模式，這是學校老師課堂裡的案例，教練專注的是找出「最合適」你所服務的企業的能力。

有對的支持者嗎？願意成為學員的鏡子，有願意幫助他成功的心態。

有「正向積極的態度」嗎？教練的基礎理論來自「正向心理學」，它不是凡事要樂觀，甚至過度樂觀，教練的正向心理建立於「對於面對的機會和危險有充分的掌握和把握，而且選

擇投入參與貢獻並願意承擔責任」；對於一個負向而沒有盼望的人，他可能更需要心理諮商專業的協助而非教練。

有「同理心」嗎？作為一個領導人，同理心是非常關鍵的能力，能清楚的感受他人對你的期待和熱情，並能及時做出回應，這是「感動領導」的能力。

有學習力和應變力嗎？外在的環境時時在改變，組織內的成員和他們的思維也在改變，如何能在經歷中不斷的反思學習，並願意作合適的應變，這也是教練成功的關鍵。

敢於接受新的挑戰嗎？改變是一種冒險，要走過恐懼之河，邁入一個不確定的新領域，這是敢於冒「可以承擔的風險」的挑戰。

這是最優先嗎？教練的成效來自學員「自我內化」的產出，太忙的人沒有機會內化，教練對他來說只是一個「知識」是個裝飾品；必須撥出時間和空間，將「改變」成為你那階段裡生命裡的優先，讓自己在教練後的反思成果有空間和時間落地生根。

◆ Outside in：外在環境的檢視

組織文化：文化包含組織的使命，價值觀和願景，這是組織裡的心錨，一個活的組織文化可以吸引人才，激勵人才不斷

往同一個方向成長改變，向上提升。

組織氛圍：這是「管理和領導」的結果，在日常生活裡，組織的氛圍是酸性還是鹼性的？是管理多於領導，還是領導居多？是「要我做」還是「我要做」的心情來參與這工作？

外部改變的壓力：社會的壓力，政治法律的壓力，行業的壓力，競爭者的壓力，這都會影響領導人在改變過程中承受壓力的程度。

學習型組織：組織是老闆說了算，還是員工可以參與討論貢獻，有不同意見時，是否能尊重不同，也能認同與主管的最後決策？這是組織文化的一部分。

" Coach：教練的自我修煉 "

教練自己發展出來的教練流程，教練模型以及教練個人的相關經驗，是否對這個專案有價值？教練對學員所處的社會和組織文化是否有足夠的認知呢？以下是一些方向：

教練有針對這個個案有客製化能力嗎？在領導領域裡「沒有最好只有最合適」，每一個教練的個案都不同，因為情境不同，人也不同，需要個別量身定做合力共創，這是超越 MBA

和 EMBA 的學習發展情境。

教練個人工具箱的檢視：教練的使命不在「灌能」而在「開竅」，它會經過許多流程，包括「喚醒，釐清，決定跨越，行動，學習」，這需要有許多的「鏡子」，可能是測評工具，可能是周邊的支持者，不做批評只提供「事實」作現場的觀察。

有人問「教練的最大價值是什麼？它和顧問的專業有什麼不同？」以前我也做過一陣子的企業顧問，顧問是針對客戶的問題給「專業的答案」，在經歷了許多的訪談和調查後，開始討論如何為客戶提出解決方案，我經歷過有些客戶會在拿到建議書時，告訴我們「這個答案我早就知道了」，這常讓顧問們下不了台，今天再來反思這個情境，作為一個教練，我會問他們「你們既然已經知道，為什麼做不到呢？」，這開啟了「教練之旅」，我喜歡用下頁簡單的圖來說明教練在做什麼？

教練不在告訴你「**你需要改變**」，也不在教導你「**如何改變**」，教練的最大價值在於「**如何讓改變發生**」，由知道到行道中間會經歷許多的困難和挑戰，許多的時候無法一步到位，這是世界上最遠的距離，需要教練和學員以及他後頭的支持團隊一起合力共創才能成功，這起始於每一個人的心態，它來自我們的心思意念。

在每次教練專案啟動前，我會花些時間和人資主管，學員

直屬主管，最後才是和學員訪談，最主要的目的就是查驗「學員是否預備好了？組織內部氛圍如何？」如果這是肯定的，那份的教練合約對我才算有效，教練才端菜上桌，開啟教練流程。

" 邀請你來參與幾個精彩的教練主題 "

這是一個關鍵時刻，我們華人的社會正在經歷著翻天覆地的大轉變，政治層面，社會層面，經濟層面，價值觀層面，在人文和科學各方面都有大大的不同，它發生的緣由不只是由於內在的變革需求，這也是科技帶來的全球的文化變革，我用

TEMPLES（科技，經濟，市場營銷，政治，法律，環保，社會價值）來描敘，它們所展現出來的公共行為就是DDCU+3G（動態，多元，複雜，不確定，男女平權，Y/Z世代，全球化）；我們的社會也開始大步由「管理」邁向「領導」；獲利模式由「Cost down（減少成本）」到「價值創新」；由「效率」到「效益」；由「做事」到「帶人」，人才資本成為下一波經營績效和企業競爭力的關鍵元素，「教練」是人才發展的必要選項。

以下是我經歷過的幾個精彩的教練主題，這也是給大家的挑戰，也邀請你的參與，你會如何來協助他們做改變？

◆ 案例一：情緒管理

一個德國人被外派來台灣負責台灣分公司的業務，他脾氣不好，很容易在公開場所發飆，我被邀請當他的教練，教練的主題是「情緒管理（Anger management）」，有一次他告訴我「這個員工每次回信在開頭都沒有稱呼我，我覺得被冒犯，我要開除他」，你會如何來幫助他看見自己的行為也願意做改變？

◆ 案例二：人生勝利組

一個高階主管原本負責研發部門，績效非常傑出，組織開

辦一個新事業單位，老闆屬意他來主導，如果你是他的教練，你會如何來幫助他成功轉型？

另一個高階主管因為績效優異，老闆由 A 部門將他提升到 B 部門，到新的工作崗位後，發覺他以前使用的那一套不再管用了，團隊發生危機；你是教練，你會怎麼做？

一個績效優異的部門銷售主管被提升為企業銷售最高主管，這是一般企業的人才升遷法則，可是這個主管上來之後，發覺當銷售主管做的事不是他最擅長的事，整天談的是「KPI 數字，銷售報表，跨部門會議，庫存管理，銷售策略，銷售預測…」他遠離戰場不再快樂了，你是教練，你會如何來協助他？

一個空降高層主管一上任就燒起三把火，原來團隊的精英紛紛求去，大老闆馬上求救於教練，你就是哪位教練，你會怎麼做？

一個事業單位的總經理被任命為集團總經理，他樂於助人，過去和其他事業單位老總相處愉快，總以「哥兒們」相稱；上任一年後，他發覺「哥兒們」的支持度不似從前，他請教練來做訪談，這些哥兒們只說「那個位子為什麼不是我？」他們間的信任斷鍊了；你是教練，你會怎麼做？

一個空降的老總，過去在行業裡的戰績，素以治軍嚴謹著稱；在新的組織裡已經一年多了，他的績效不如預期，戰將紛

紛求去；你是教練，你如何協助他？

　　一位在組織裡服務超過 20 年的老幹部，學歷優秀血脈正統，他非常有能力也非常的專業，深得老闆的信任，在組織裡扶搖直上，成為老闆的一把手，有機會出任一個新事業單位的總經理，但他自我感覺良好，對市場和員工的反應都沒有感覺，業績一直沒有起色，老闆也看不下去，只好將他調離，他離開時的名言是「我又沒有做錯什麼，為什麼我失敗了？」你是他的教練，你如何來幫助他？

　　有位保守的總經理，老董說他太保守不敢冒險，只做有把握的決策；而這位總經理說「老闆（董事長）太忙，我只向他報告成熟的案子」；你是教練，你如何來協助他（他們）？

◆ 案例三：國際化人才

　　失去戰場的戰將：組織正在轉型，由過去的 ODM 走進品牌市場，這是許多國際市場上的戰將所沒有經歷過的，他們以前所服務的對象就是那幾個大客戶，他的責任就是出差開會接案子，再了不起就是陪客戶打高爾夫球，掛名 CEO，早上在會議室是 Chief Executive Officer，晚上則成為 Chief Entertainment Officer；現在大老闆要他們 Long stay（長期經營），要了解市場的需求，開闢不同的銷售渠道，要強化服

務；你是教練，如何來協助他們轉型呢？

◆ 案例四：Y/Z 世代的管理與領導

　　組織裡有越來越多的 Y/Z 世代人才，他們有想法但是也叛逆，不太尊重前輩和經驗，也沒有將主管的權威放在眼內，大家都認同他們是組織發展需要的人才；你是教練，如何幫助這些主管領導新世代人才？

◆ 案例五： 接班傳承

　　爸爸是創業者，在早期的創業過程中，叔叔伯伯阿姨也都參與了，現在第二代也長大了，每一個人都期待讓他們的子女能繼承自己的那一片天；你是教練，如何來幫助他們？

　　爸爸是創業者，孩子受完良好的美式教育後回來企業服務，爸爸的管理模式是「大家長式」的管理「我說了算」，孩子無法認同，在父蔭下也沒有這個權柄，只能默默跟隨；現在父親過世了，孩子接手這個企業，他心裡很掙扎，再下來如何帶引這個團隊呢？你是教練，你會如何協助他們？

　　另一個案例是：一個部門中階主管被任命為新的部門總主管，他沉穩內斂，他的前一手主管是個非常有個人魅力型的主管，這位預備接手主管的第一個反應是「這雙鞋太大，我接不

了，我也不願意成為他那種主管」；你是教練，如何幫助他呢？

◆ 案例六：組織變革轉型

市場的經營瞬息萬變，數字化，社群化，網路化，年輕化，國際化…組織的運營必須及時的應變，「學習型組織和應變能力」是競爭力的關鍵元素，前諾基亞老總在 2011 年大崩盤時說：「我們並沒有做錯什麼，但是我們失敗了」，如何幫助企業轉型？「覺察和學習改變，領導人自我的改變，組織設計改變，領導團隊進入改變流程，持續改變」呢？當前每一個組織都在這個關鍵時刻；若你是位教練，如何幫助你服務的企業做好轉型？

"教練的價值就在於由「知道」到「做到」，
讓改變發生！"

「不是前面沒有路，而是該轉彎了。」

如何讓組織的領導人能及時覺察到「**今日的優勢無法擋住明天的趨勢**」，學習力、應變力和領導力才是王道，如何幫助企業員工由「要我做」轉化為「我要做」的心態；在此時刻，領導者的「信任，領導力」是最重要的基石，改變才能由此發

生。

　　如果你有興趣繼續這方面主題的探討，歡迎你加入我們在臉書的「如何讓改變發生」社群，我們可以繼續來討論學習，這裡沒有「對錯」的答案，只有「對對」的最合適選擇，這需要勇氣和智慧；期待在網上和你繼續這共同學習的緣份！

RAA 時間：反思，轉化，行動

在每次的教練專案啟動前作必要的檢視：

* 　學員預備好了嗎？

* 　組織內部的氛圍對嗎？

* 　是否找到『最合適』的教練？

最後，邀請你加入我們在臉書 (Facebook) 的社群：
【與 D 教練有約】讓改變發生

大寫出版 In-Action! 書系 HA0072

| 如何讓改變發生 | 系列 ④

傑出領導人的最關鍵轉變——走出權力，變身「轉型教練」的革心旅程

EXECUTIVE COACHING: LEADERSHIP ACCELERATORS FOR HIGH LEVEL MANAGNERS

© 2016，陳朝益 David Dan
All Rights Reserved

著　　　　者	陳朝益 David Dan
行 銷 企 畫	郭其彬、陳雅雯、王綬晨、邱紹溢、張瓊瑜、蔡瑋玲、余一霞
大寫出版編輯室	鄭俊平、沈依靜、李明瑾
內 文 插 圖 素 材	Designed by Freepik
發 　 行 　 人	蘇拾平
出 　 版 　 者	大寫出版 Briefing Press
	台北市復興北路 333 號 11 樓之 4
電 　 　 　 話	（02）27182001　傳真：（02）27181258
發 　 　 　 行	大雁文化事業股份有限公司
	台北市復興北路 333 號 11 樓之 4
24 小時傳真服務	（02）27181258
讀 者 服 務 信 箱	andbooks@andbooks.com.tw
劃 撥 帳 號	19983379
戶 　 　 　 名	大雁文化事業股份有限公司

初 版 一 刷 2016 年 9 月
定 價 新 台 幣 320 元
ISBN978-986-5695-59-0

如何讓改變發生？系列叢書

國家圖書館出版品預行編目 (CIP) 資料

傑出領導人的最關鍵轉變─走出權力，變身「轉型教練」的革心旅程
/ 陳朝益著

初版｜臺北市 ｜大寫出版：大雁文化發行 , 2016.09

272 面｜ 15*21 公分｜知道的書 !In-Action ; HA0071)

ISBN 978-986-5695-59-0(平裝)

1. 企業 2. 組織管理

494.2   105015740